女人完美肌肤养护全书

曲波　主编

天然材质　制作简单　超强功效　超低成本

全方位的贴心护理　轻松打造水嫩美肌

涵盖身体每一寸肌肤的护理方案

中国华侨出版社

北　京

图书在版编目（CIP）数据

女人完美肌肤养护全书 / 曲波主编.—北京：中国华侨出版社，2013.12（2021.2重印）

ISBN 978-7-5113-4343-7

Ⅰ.①女… Ⅱ.①曲… Ⅲ.①女性—美容—基本知识 ②女性—皮肤—护理—基本知识 Ⅳ.①TS974.1

中国版本图书馆CIP数据核字（2013）第307131号

女人完美肌肤养护全书

主　　编：曲　波
责任编辑：茂　素
封面设计：冬　凡
文字编辑：许俊霞
美术编辑：盛小云
图片提供：www.quanjing.com
经　　销：新华书店
开　　本：720mm × 1000mm　1/16　印张：15　字数：253千字
印　　刷：三河市华成印务有限公司
版　　次：2014年2月第1版　2021年2月第2次印刷
书　　号：ISBN 978-7-5113-4343-7
定　　价：45.00元

中国华侨出版社　北京市朝阳区西坝河东里77号楼底商5号　邮编：100028
法律顾问：陈鹰律师事务所
发 行 部：（010）88893001　　传　　真：（010）62707370

前言

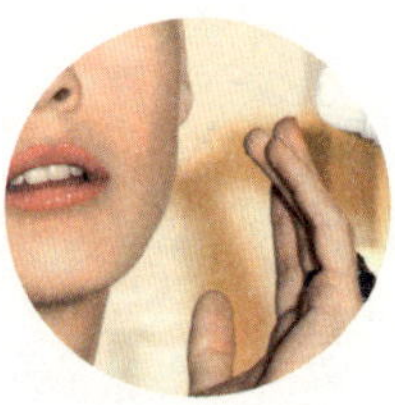

拥有嫩滑、健康、自然的肌肤是每一位爱美女性都梦寐以求的目标。刚出生的时候，每个人都有着细腻、润泽的肌肤，但是随着时光的不断流逝，春天的沙尘、夏日的骄阳、秋天的干燥、冬日的寒风都在无情地侵袭着娇嫩的肌肤。除了岁月给肌肤留下的痕迹、环境给肌肤带来的影响，现代人的一些不良生活方式与习惯对肌肤的伤害也如影随形：通宵加班会产生黑眼圈和眼袋；电脑辐射会使肤色黯淡，产生斑点；吸烟、饮酒会致毛孔粗大；快速减肥带来的是皮肤的松弛和皱纹的产生。

光滑嫩白的肌肤为人添色加分，于是人们常常买各种各样的或昂贵或平价的护肤产品，或者去美容院办卡做护理，但是面对眼花缭乱的美容产品、各种让人无法理解的美容手法以及“美容变毁容”的先例，又不禁使人望而却步，不知所以。那么，究竟怎样才能轻松、安全地拥有靓丽的肌肤？

美丽的肌肤要靠每日精心的呵护换得，无法一蹴而就，也不能一劳永逸。自制护肤品是时下最流行的美容方式之一，用新鲜水果蔬菜来自己DIY护肤品，简单易行，天然的营养成分很容易被肌肤所吸收，发挥最大的美肌功效。果蔬中大量的维生素C、维生素E，各种氨基酸、微量元素源源不断地进入肌肤，让肌肤彻底放松，轻松吸收营养，给你带来意想不到的惊喜。

本书针对广大女性最关注的肌肤问题，提出了应对策略：用安全天然的食物药物，为您提供自制护肤品的方法，原料不过是在超市和药店就能买到的水果、蔬菜、鲜花、牛奶、鸡蛋、蜂蜜、精油、中药……本书也为您提供了许多种护肤方法，涵盖面部、眼部、唇部、颈部、手部和身体其他部位的肌肤，让您想美哪里，就美哪里，与您一起将美丽进行到底。在介绍完每种护肤品的制作和使用方法之后，我们还会向您解说肌肤问题的相关知识，让您轻松增长许多智慧。读完本书，您就可以轻松开始养肤护肤的愉快过程啦！

目录

第一章 总论

第二章 面部肌肤护理

BIOTHERM
WHITE D-TOX
FANTASIA
CHLITINA
E.P.O.

第三章 眼部护理

第四章 唇部护理

第五章 颈部护理

第六章 手部护理

第七章 身体其他部位护理

第一章
总论

年轻的皮肤基本上应该是细腻光滑，绝少有细纹，脸色红润，皮肤充盈；健康的皮肤真皮层很厚，厚厚的真皮层能使皮肤富有弹性；角质层很薄，薄薄的角质层使皮肤看上去晶莹剔透。您的肌肤是否具备年轻、健康的美丽境界？如果还没有，那么一定要找出原因所在，我们帮您对症下药；如果您已经拥有美丽的肌肤，那么一定要懂得保养，我们帮您找到护肤的最佳方式！

第一节 美丽肌肤九大关键词

1 肌理细腻

肌理细腻是美丽肌肤的第一要素。《诗经》中用“肤如凝脂”来赞誉肌肤的美丽，白居易的《长恨歌》中也用“温泉水滑洗凝脂”形容杨贵妃细腻的肌肤。

2 水嫩有弹性

水嫩有弹性是肌肤美丽的第二要素。对肌肤的水嫩，素有“吹弹可破”之说。人类肌肤中70%都是水，肌肤缺水会粗糙、松弛、长褶、发痒、起皮，因此必须注意肌肤保湿，加强肌肤养护，可通过多饮水等来补充肌肤的水分。同时应避免日晒过久、抽烟过多、睡眠不足等行为。

3 毛孔细小

毛孔是肌肤的呼吸通道，毛孔细小则使肌肤光滑美丽。毛孔粗大一直是肌肤美丽的天敌，据调查，有70%的女性认为自己的肌肤问题在于毛孔粗大。

4 无痤疮、黑头

痤疮也称粉刺，俗称青春痘，虽然只是小恙，对生命并不构成威胁，但爱美是人的天性，一张俊俏的脸蛋上冒出几颗红红的痤疮，实觉有碍观瞻。

痤疮的成因复杂，大部分是由于青春期人体雄性激素分泌旺盛，促使皮脂腺皮脂分泌增多，加之面部毛囊的角质层老化、代谢或褪去不及时，使毛囊口淤积，在毛囊内形成脂栓，从而形成痤疮，好发于面部，有时也长在前胸、后背。

黑头又称黑头粉刺，为开放性粉刺，即堵塞毛孔的皮脂表层直接暴露在外面，与空气中的尘埃接触。黑头粉刺常见于青春发育期的青少年，好发于面部（鼻尖）、前胸和后背，其特征为明显扩大的毛孔中的黑点，挤出后形如小虫，顶端发黑。

5 白皙有光泽

中国人对白皙肌肤的偏爱由来已久，从古人形容美女“皓腕凝霜雪”、“纤纤素手”就可见一斑。美白已成为肌肤美丽的重要条件，因此拥有象牙般白皙的肌肤是众多女性的梦想。

另外，随着年龄的增长以及外界环境因素的影响，肌肤开始慢慢老化，表皮变厚，新陈代谢变慢，同时角质层变薄，保水功能降低，肌肤也由此变得暗淡无光，于是肌肤有光泽也是众多女性的追求。

6 无雀斑

雀斑是一种常见的皮肤病，为针尖到黄豆粒大小的棕色或黑色斑点，因形似麻雀卵上的斑点而得名，多发于青少年面、颈、手背等暴露部位。

由于肌肤内的色素细胞对阳光中的红外线反应敏感，所以暴露部位较易形成雀斑，春夏加重，秋冬变淡。现代医学研究发现，雀斑还与遗传因素有关。

7 无日晒斑

日晒斑多呈现为椭圆形突起或平滑、深棕色的斑块，多发于前臂外侧、手背、小腿前侧及脸部，一般在中年时开始大量出现。

8 无黑眼圈

黑眼圈分两种，一种是青色黑眼圈，另一种是茶色黑眼圈。

两种黑眼圈产生的原因不同。眼睛周围微血管较多，其微血管内血液流速缓慢，血液量增多而氧气消耗量提高，导致缺氧血红素大增，肌肤就出现暗蓝色调，因此睡眠不足、眼睛疲劳、压力、贫血等都会造成眼周肌肤淤血及浮肿现象，产生青黑色眼圈。茶黑色眼圈的形成和年龄增长有一定关系，长期日晒造成色素沉淀在眼周，久之形成茶色眼圈。另外，血液滞留造成的黑色素代谢迟缓和肌肤过度干燥，也可能导致茶色黑眼圈。

9 无皱纹

皱纹历来被视为衰老的表征之一。对于皱纹的产生，科学家早有研究，最新的报告将皱纹分为突发性干纹、表情纹以及因皮肤老化而形成的皱纹。

突发性干纹，是最浅表的假性皱纹，通常形成在眼角、唇边和鼻翼等部位。刚开始大多是由于压力、睡眠不足或者空调、寒气等外部环境的影响使水分蒸发、皮肤干燥，引起暂时性皱纹的产生。如果不及时阻止，肌肤表面长时间不进行适当的抗皱保养，它会从此固定在肌肤上。

表情纹，也称为“法令纹”。随着您的每一次微笑、每一个表情，眼角、面颊、唇边会相应地显现出无数细小的褶皱，习惯表情导致重复不断的肌肉收缩，进而造成肌肤纤维的弹性受损，使得皮肤无法恢复原形，最终形成固定的折皱。

老化皱纹，可能出现在任何部位，但是最明显的就是额头、眼周、面颊、颈部和手等部位。它产生的根源是在真皮层，由于紫外线的照射，再加上年龄、压力、环境状况等多种因素的影响，真皮层中的胶原蛋白和弹性纤维的生长受到影响和破坏，失去了健康的造型和密度，如同一把伞的支架间隔出现断裂，致密平滑的肌肤便失去了支撑，于是皱纹就出现了。

第二节 问题肌肤两大主题

针对肌肤粗糙、痤疮丛生等问题，我们寻根溯源，对症下药，以解除肌肤的后顾之忧。

痤疮

寻根溯源

1 内分泌失调

青春期激素分泌增多，刺激皮脂腺分泌旺盛，易堵塞毛孔。女性在经期前一周到月经结束这段时间性腺分泌异常，黄体素分泌过多，刺激皮脂分泌而形成痤疮。此外性激素分泌不平衡也易引发痤疮。

2 心理因素

精神紧张不安、心中焦虑、苦恼等因素使得激素分泌失常，易生痤疮。

3 肝脏功能欠佳

肝脏功能欠佳则分解性激素受阻，容易产生痤疮。

4 油性肤质

代谢旺盛的油性肤质也可导致痤疮的产生。

5 胃肠功能不好

胃病、胃肠虚火上升等，会使胃肠消化吸收功能降低，从而导致便秘，引发痤疮。

6 细菌感染

肌肤上阻塞的油脂及污垢带有大量细菌，容易造成毛囊发炎，导致炎性丘疹、脓包等。

7 饮食不当

长期食用油腻食物，如海鲜、肉食、油炸食品等，人体会产生游离脂肪酸，导致皮脂分泌增多，角质变厚，使皮脂不易排出，产生痤疮。别外，摄取过多的动物性脂肪还会使血液中的中性油脂增加，促使皮脂腺分泌，刺激毛囊壁形成毛孔阻塞。

8 生活环境

在有较多灰尘及油烟的地方工作（如加油站、厨房等），空气中的粉尘颗粒易堵塞面部毛孔。空调环境，室内外温差大，刺激皮脂腺分泌失衡，也易造成痤疮。

防护攻略

洁面须知

经常化妆的人一定要做到彻底卸妆；即使不化妆的人也一定要保持面部清洁；每天用温水洗脸两次，有助于清除过多的皮脂，预防痤疮；不宜用碱性大的肥皂洗脸，否则会破坏弱酸性的正常环境，从而导致痤疮反复发作。

安全化妆

化妆时，首先用能调控皮脂分泌的、透气性能好的轻盈型粉底，这样才不会堵塞毛孔、影响皮肤的自由呼吸；其次，不宜用低劣的化妆品及油性较强的化妆品，以免毛孔阻塞，使痤疮加重。

注意饮食

应少食辛辣、甜食、煎炸、油腻及刺激性食物，如烟、酒、咖啡、浓茶等；应多食新鲜蔬菜、水果、杂粮等高维生素、高膳食纤维食品。

精神放松

不焦不躁，不紧张，精神愉快，劳逸结合，睡眠充足。

治疗疾病

在做到上述几点的同时要治疗与痤疮有关的疾病，如月经不调、慢性胃肠道疾病、消化不良等，但要避免使用可能引起痤疮和加重痤疮的药物，如雄性激素、皮质类固醇激素、碘、巴比妥等；要保持大便通畅，因为便秘者胃肠积热，热毒涌上面部，会使痤疮加重；可适当服用一些通便药物，这样不仅可通便，而且能泻肠胃积热。

毛孔粗大

寻根溯源

1 油性肌肤

油性肌肤的皮脂分泌特别旺盛，过剩的皮脂堆积在毛囊里，毛孔内部膨胀，慢慢地从外观上就会显得毛孔粗大。

2 肌肤老化

随着年龄的增加，血液循环逐渐变得不顺畅，皮肤的皮下组织脂肪层也容易松弛、缺乏弹性，如果不给予适当的保养与护理，必会加速老化，毛孔自然也越加扩大。

3 清洁不净

皮肤的表皮基底层不断地制造细胞，并输送到上层，待细胞老化之后，如不注意清洁皮肤，使其新陈代谢不顺利，无法如期脱落，就会致使毛孔粗大。

4 面膜过度

很多深层面膜首先将毛孔撑大，才能深入毛孔将油脂与脏污带出来，频繁使用深层清洁面膜，毛孔恢复能力降低。

5 化妆不当

涂抹刺激性强的化妆品，或长期使用强力杀菌

霜、消炎水，会使毛孔阻塞更加严重，油脂排泄不出来，如果缺少适当的护理，将会越来越严重，毛孔也越来越粗大。

6 自行挤痘

挤压痤疮而产生的过度刺激使皮肤表皮破裂，一旦伤害到真皮，皮肤细胞组织缺乏再生功能，难以产生新细胞，从而留下凹凸瘢痕，使毛孔变得粗大。

7 抽烟喝酒

香烟中的某些成分会使血管收缩，血液循环减慢，从而加速肌肤的干燥、老化，撑大毛孔；过度饮酒容易造成身体浮肿，从而也使毛孔随之扩大，长期如此，则毛孔难以恢复原状。

防护攻略

针对油性肌肤

对于油性肌肤的人来说，定期进行深层清洁及去角质工作很重要。不管有没有化妆，每天的脸部清洁都要做到两点，先以洁面霜洗脸，去除油脂污垢后，再以清洁乳洗去溶于水的污垢，避免毛孔中油脂污垢的堆积。在洗完脸后，一定要在脸上涂上爽肤水，可选择含有收敛成分的爽肤水，持续使用一段时间后会使毛孔看起来细致，同时也具有抑制皮脂分泌的效果。

针对肌肤老化

如果毛孔粗大是由于肌肤老化而引起的，那么控制肌肤衰老速度是当务之急。首先，要每天早晚使用一些具有高营养滋润成分、兼具收紧面部松弛肌肤作用的抗衰老精华素，配合按摩促进吸收；另外，滋润清爽而无刺激的收敛爽肤水也是必不可少的。

针对清洁不净

注重面部清洁，遵守卸妆步骤：首先使用专用卸妆产品卸掉眼、唇部位的妆；然后用日常卸妆油卸掉脸部的妆；再以洗面奶起泡清洁，用清水洗净；最后再涂上具有收缩毛孔作用的爽肤水。

针对面膜过度

不要频繁使用深层清洁面膜；也不要使用撕拉型的去油或紧肤面膜，否则它们会让肌肤在过度强硬的撕扯下变得更加脆弱而松弛。如果可能的话，可到专业美容机构做一些面部提升护理，这样有助于面部肌肤的紧实，能够较大程度地改善肌肤松弛和毛孔粗大的现象。

针对化妆不当

在化妆前，先使用能控制皮脂分泌的产品来抑制皮脂的分泌，化妆前选择清爽不油腻、透气性能好的粉底，这样可使肌肤多一层防护，有效控制肌肤的油脂分泌，使毛孔不会因外在的污染而变得越来越粗大。

针对自行挤痘

如果脸上出现痤疮，可以使用治疗痤疮的产品来消除，千万不能用手挤，否则一时痛快之后，会形成难看的“橘皮脸”。

针对抽烟喝酒

烟酒是绝对忌讳的东西，如果不想在30岁时就有一张50岁女人的脸的话，就一定要改掉过度抽烟喝酒的习惯。

第三节 美丽肌肤法则

拥有白皙柔嫩、光彩照人的肌肤是每个女人的梦想，然而干燥的环境、饮食不规律、工作压力大、睡眠不足、心情烦闷等内在、外在的因素，都会侵害我们的肌肤，加速肌肤的老化。如何消除岁月在肌肤上留下的痕迹？如何让肌肤永远保持青春亮丽的光泽？肌肤和睡眠之间有什么内在联系？不同年龄段的人在保养皮肤方面存在着什么区别？掌握了“美丽肌肤法则”，所有的问题都会迎刃而解。

最佳美容护肤时间一览表

朝九晚五的生活中，与电脑、电话相伴的日子里，如何能保持肌肤健康美丽呢？每个人都有自己的生物钟，同时每个人的肌肤也有其遵循的作息时间表，美容保养若能与肌肤自然作息时间相配合，就可发挥它最大的功效。

23:00～5:00

这时细胞生长和修复最旺盛，细胞分裂的速度要比平时快8倍左右，肌肤对护肤品的吸收力特别强。这时应使用富含营养物质的滋润晚霜，使保养效果发挥至最佳状态。

6:00～7:00

肾上腺皮质素的分泌自凌晨4点开始加强，细胞的再生活动此时降至最低点。由于水分聚积于细胞内，淋巴循环缓慢，如果有眼皮肿胀情形，可用能增强眼部循环、收紧眼袋的眼霜。

8:00～12:00

这时肌肤的功能处于高峰，组织抵抗力最强，皮脂腺的分泌也最为活跃。可做脱毛、祛斑、除痣及文眉、文眼线等美容项目。

13:00～15:00

此时血压及激素分泌降低，身体逐渐产生倦怠感，肌肤易出现细小皱纹，对含高效物质的化妆品吸收能力特别弱。这时若想使肌肤看起来有生气，可使用精华素、保湿霜、紧肤面膜等。

16:00～20:00

随着微循环的增强，血液中含氧量提高，心肺功能极佳，能充分吸收营养，这段时间最适宜职业女性到美容院做保养。

20:00～23:00

此时肌肤最易出现过敏反应，微血管抵抗力衰弱，血压下降，人体易水肿、流血及发炎，故不适宜做美容护理。

不同年龄护肤法则

在大自然巧夺天工的安排下，每个季节都有盛开的美丽花朵。而女人也是一样，只要细心爱护自己，在每个年龄段都是一朵傲视群芳的花朵。

20～25岁 护肤重点

养成良好的卫生习惯，给肌肤补充足够水分。

（1）干性皮肤

外敷关键词：乳油木香类面霜、水化合物面霜。

外敷作用：增强干燥肌肤的水分和营养。

日常护肤建议：睡前使用晚霜，第二天早上的肤色美丽而有光泽。

（2）油性皮肤

外敷关键词：洗面泡沫冻胶、生物矿泉水香皂、控油面霜、植物香精类面霜。

外敷作用：去污，防止细菌滋生，保护肌肤，避免脸部油亮。

日常护肤建议：用温水洗脸，去除脸部多余油脂。

内用关键词：蛋白质、脂肪酸、维生素、水、白菜、韭菜、豆芽、瘦肉、豆类。

内用作用：有助于脂质代谢，减少面部油脂，使肌肤光洁红润，有弹性。

日常护肤建议：每天喝足够量的水。

25～30岁 护肤重点

预防皱纹的产生。

外敷关键词：	含水化合物、乳油类面霜、保湿滋润面膜、保湿凝露、保湿乳液。
外敷作用：	保持肌肤的柔韧性和弹性，防止外部侵害。
日常护肤建议：	最好选用无副作用的面霜。为防止肌肤早熟，精华液要根据情况使用。
内用关键词：	清淡食品、水、维生素C、B族维生素、荠菜、胡萝卜、西红柿、黄瓜、豌豆、木耳、牛奶。
内用作用：	延缓皱纹出现速度，防止皮下油脂腺分泌减少导致肌肤光泽感减弱，肌肤粗糙。
日常护肤建议：	避免在阳光下暴晒，否则将在日后逐步显现为雀斑和皱纹。

30～40岁 护肤重点

预防肌肤干涩、光泽消退。

外敷关键词：	抗皱、保湿类霜产品，营养型的面膜，保湿、除皱功能的精华液。
外敷作用：	保持肌肤原有弹性和水分，减少皱纹。
日常护肤建议：	使用眼霜帮助减少眼袋和黑眼圈。
内用关键词：	水、新鲜蔬菜、新鲜瓜果、含胶原蛋白的动物蛋白质（猪蹄、肉皮、鱼、瘦肉）。
内用作用：	防止由于女性的内分泌和卵巢功能逐渐减弱而出现肌肤干燥、鱼尾纹、肌肉松弛等。
日常护肤建议：	保证每晚8小时的睡眠。

40～50岁 护肤重点

防止内分泌失调造成的肌肤脱水、面部松弛。

外敷关键词：	防皱、补水、再生类面霜、乳清浴、维生素E面霜、果酸类化妆品、胶膜、水果汁类物质。
外敷作用：	消除肌肤表面死细胞，促进新生细胞的生长。
日常护肤建议：	定期做美容护理来帮助新陈代谢。
内用关键词：	玉米、红薯、蘑菇、柠檬、核桃、卷心菜、菜花、花生油。

内用作用：	利于胆固醇排泄、补气养血，延缓肌肤衰老。
日常护肤建议：	使用更有效的含维生素A和果酸的保湿产品，改善肌肤品质。

50岁之后 护肤重点

防止肌肤的胶质和弹性蛋白质减退，肌肤失去坚实性。

外敷关键词：	防皱霜、抗衰老化妆品、维生素E面膜和胶质蛋白类面膜、美容院系列护理。
外敷作用：	补充水分，并对再生细胞进行处理。
日常护肤建议：	小心清理死皮细胞，不要使用含粗糙研磨剂的产品，这会使脆弱的皮肤更加粗糙。
内用关键词：	全面补充营养。
日常护肤建议：	保持良好的心态。

八大细腻元素

科学研究证明，肌肤的细腻光洁与各种物质的摄取密切相关，如果肌肤不能获得来源于体内的丰富营养，那么在肌肤表面即使用了非常高级的化妆品，也难以使其达到理想效果，因此必须从膳食中摄取各种营养物质。

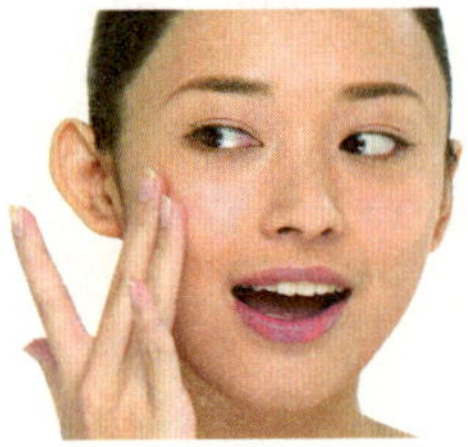

1 蛋白质

蛋白质是细胞的主要成分，是构成机体组织不可缺少的物质，甚至可以认为是生命的起源。它构成各种核酸、抗体和激素；能供给能量，补充代谢的消耗，促进机体生长发育，维持毛细血管的正常渗透压。缺乏蛋白质会影响生长发育，还会导致肌肤苍白、干燥、老化、无光泽，甚至出现营养不良性水肿。

2 脂类

脂类中的脂肪可供给机体热能和脂肪酸，帮助吸收脂溶性维生素，使肌肤富有弹性。缺乏脂类易患脂溶性维生素缺乏症，从而使肌肤失去弹性。

3 糖类

淀粉和糖属糖类，又叫碳水化合物。正常人肌肤中含糖量为50%~70%。其作用就是给人体供应足够的能量。缺乏糖类的表现是面色苍白且容易疲倦。

4 维生素

维生素A 维生素A具有保护肌肤和黏膜的作用。缺乏维生素A，则毛囊中角蛋白栓塞，致使肌肤表面干燥、粗糙，出现皱裂。

维生素B_1 维生素B_1参与糖代谢对胆碱酯酶有抑制作用。缺乏维生素B_1可引起脚气病、食欲不振、消化不良等。

维生素B_2 维生素B_2构成辅酶成分，促进细胞内生物氧化的进行。缺乏维生素B_2可引起面部痤疮、口腔溃疡等疾病。

维生素B_6 维生素B_6与氨基酸代谢有密切关系，能促进氨基酸的吸收和蛋白质的生成。缺乏维生素B_6可引起周围神经炎和皮炎。

维生素B_{12} 维生素B_{12}是红细胞的形成和健康组织所必需的。缺乏维生素B_{12}可引起恶性贫血，手、足部色素沉着等。

维生素C 维生素C是构成细胞间质的必要成分，在体内代谢中发挥递氢、解毒、催化等作用。缺乏维生素C可引起肌肤干燥、粗糙，皮下出血，牙龈出血及痤疮等。

维生素E 维生素E具有抗氧化，促进新陈代谢，改善肌肤血液循环，维持毛细血管正常通透性，防止肌肤老化和衰老的作用。缺乏维生素E可引起肌肤粗糙、老化。

5 锌

锌参与体内各种酶的合成，维持肌肤黏膜的弹性、韧性、致密度，使其细嫩滑润。缺锌者面部易患痤疮，且易化脓。

6 铁

铁是血红蛋白的基本成分。铁在血液中输送氧气和二氧化碳，是构成血液的重要成分。缺铁会引起贫血、肌肤苍白、肌肤干燥、嘴角裂口等症状。

7 水

水是人体内的溶剂，起到运输养料、排泄废物、调节体温的作用，是人体必需的物质，也是人体的重要成分，约占人体重量的75%，而皮肤中水分占人体中水分的18%～20%。

8 无机盐

无机盐即存在于人体内的一定数量的矿物质，如氯化钠、氯化钾、碳酸氢钠等。钠、钾参与人体神经、肌肉活动，血液中无机盐失衡会引起肌肉松弛。

15种天然排毒养颜食物

黄瓜

黄瓜味甘，性平，具有明显的清热解毒、生津止渴等功效。现代医学认为，黄瓜富含蛋白质、糖类、维生素B_2、维生素C、维生素E、胡萝卜素、尼克酸、钙、磷、铁等营养成分，同时还含有丙醇二酸、葫芦素、柔软的膳食纤维等成分，是难得的排毒养颜食品。黄瓜所含的黄瓜酸，能促进人体的新陈代谢，排出毒素；所含的丙醇二酸能抑制糖类转化为脂肪，有利减肥，并且对肺、胃、心、肝及排泄系统都非常有益。

荔枝

荔枝味甘、酸，性温，有补脾益肝、生津止渴、解毒止泻等功效。荔枝含丰富的维生素A、维生素B_1、维生素C，还含有果胶、游离

氨基酸、蛋白质以及铁、磷、钙等多种对人体有益的元素。现代医学研究证明，荔枝有补益肾脏、改善肝功能、加速体内毒素排出、促进细胞生成、使肌肤细嫩等作用，是排毒养颜的理想水果。

木耳

味甘，性平，有排毒解毒、清胃涤肠、止血等功效。木耳富含碳水化合物、胶质、脑磷脂、膳食纤维、葡萄糖、木糖、卵磷脂、胡萝卜素、维生素B_1、维生素B_2、蛋白质、铁、钙、磷等多种营养成分，被誉为“素中之荤”。木耳中所含的一种植物胶质，有较强的吸附力，可将残留在人体消化系统内的灰尘及杂质集中吸附，再排出体外，从而起到排毒清胃的作用。

蜂蜜

味甘，性平，自古就是滋补强身、排毒养颜佳品。蜂蜜富含维生素B_2、维生素C，以及果糖、葡萄糖、麦芽糖、蔗糖、蛋白质、钾、钠、铁、天然香料、乳酸、苹果酸、淀粉酶、氧化酶等多种成分，对润肺止咳、润肠通便、排毒养颜有显著功效。医学研究证明，蜂蜜中的主要成分葡萄糖和果糖很容易被人体吸收利用。常吃蜂蜜能达到排出毒素、美容养颜的效果，而且对防治心血管疾病和神经衰弱等症也很有好处。

萝卜

胡萝卜味甘，性凉，有养血排毒、健脾和胃的功效，素有“小人参”之称。胡萝卜富含糖类、脂肪、挥发油、维生素A、维生素B_1、维生素B_2、花青素、胡萝卜素、钙、铁等营养成分。现代医学研究已经证明，胡萝卜是有效的解毒食物，它不仅含有丰富的胡萝卜素，而且含有大量的维生素A和果胶，与人体内的汞离子结合之后，能有效降低血液中汞离子的浓度，加速体内汞离子的排出，使肌肤细腻、红润。

另外，中医认为，白萝卜可“利五脏、令人白净

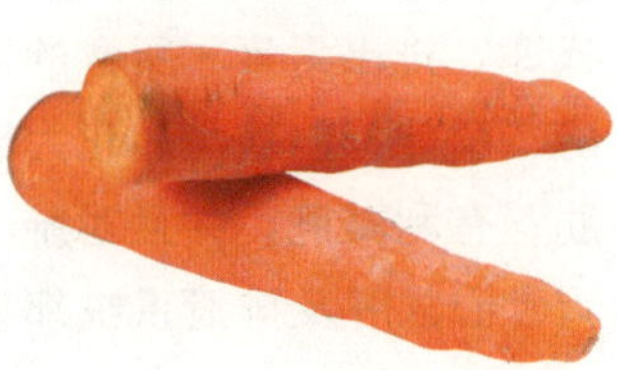

肌肉”，这是由于其含有丰富的维生素C。而且白萝卜具有利肠的作用，可以使肠道顺畅，抑制有毒物质产生，从而起到养颜益血的作用。

苦瓜

味甘，性平。中医认为，苦瓜有解毒排毒、养颜美容的功效。《本草纲目》中说苦瓜“除邪热，解劳乏，清心明目”。苦瓜富含蛋白质、糖类、粗纤维、维生素C、维生素B_1、维生素B_2、尼克酸、胡萝卜素、钙、铁等成分。现代医学研究发现，苦瓜中存在一种具有明显抗癌作用的活性蛋白质，能够激发人体内免疫系统的防御功能，增加免疫细胞的活性，清除体内的有害物质。

海带

味咸，性寒，具有消痰平喘、排毒通便的功效。海带富含藻胶酸、甘露醇、蛋白质、脂肪、糖类、粗纤维、胡萝卜素、维生素B_1、维生素B_2、尼克酸、碘、钙、磷、铁等多种成分。海带中丰富的碘化物被人体吸收后，能加速排除病变和炎症渗出物，有降血压、防止动

脉硬化、促进有害物质排泄的作用。同时，海带中还含有一种叫硫酸多糖的物质，能够吸收血管中的胆固醇，并排出体外，使血液中的胆固醇保持正常含量。另外，海带表面略带甜味的白色粉末，是极具医疗价值的甘露醇，有利尿作用，可治疗药物中毒、浮肿等症。所以，海带是理想的排毒养颜食物。

茶叶

茶性凉，味甘苦，有清热除烦、消食化积、清利减肥、通利小便的作用。古书记载："神农尝百草，一日遇七十二毒，得茶而解之。"说明茶叶有很好的解毒作用。茶叶富含铁、钙、磷、维生素A、维生素B_1、尼克酸、氨基酸以及多种酶，其醒脑提神、清利头目、消暑解渴的功效尤为显著。现代医学研究表明，茶叶中富含一种活性物质——茶多酚，茶多酚作为一种天然抗氧化剂，可清除活性氧自由基，具有解毒作用，也可保健强身、延缓衰老。

冬菇

冬菇味甘，性凉，有益气健脾、解毒润燥等功效。冬菇含有谷氨酸等18种氨基酸，同时它还含有30多种酶以及葡萄糖、维生素A、维生素B_1、维生素B_2、尼克酸、铁、磷、钙等。现代医学研究认为，冬菇可提高人体的免疫力和排毒能力，抑制癌细胞生长，增强肌体的抗癌能力。此外，冬菇还可降低血压、胆固醇，预防动脉硬化，有强心保肝、宁神定志、促进新陈代谢及加强体内废物排泄等作用，是排毒健身的最佳食用菌。

绿豆

绿豆味甘，性凉，有清热、解毒、祛火之功效，中医常将它作为解食物或药物中毒的中药。绿豆富含B族维生素、葡萄糖、蛋白质、淀粉酶、氧化酶、铁、钙、磷等营养成分，常饮绿豆汤能帮助排出体内毒素，促进肌体的正常代谢。现代医学研究证明，绿豆可以降低胆固醇，又有保肝和抗过敏作用。夏秋季节，绿豆汤是排毒养颜佳品。

豌豆

豌豆《本草纲目》记载，豌豆具有"去黑黯、令面光泽"的功效。现代医学研究发现，豌豆含有丰富的维生素A原，维生素A原可在体内转化为维生素A，起到润泽肌肤的作用。

芦笋

芦笋含多种营养素，所含的天门冬氨与钾有利尿作用，能排除体内多余水分，有利排毒。它还富含硒，能抗衰老和防治各种与脂肪过度氧化有关的疾病，使肌肤白嫩。另外，绿芦笋的笋尖富含润泽肌肤的维生素A。

红薯

红薯含大量黏蛋白，维生素C也很丰富，维生素A原含量接近于胡萝卜的含量。常吃红薯能降胆固醇，减少皮下脂肪，补虚乏、益气力、健脾胃、益肾阳，从而有利于美容护肤。

豆芽

豆芽含有丰富的维生素C，具有保持皮肤弹性，防止皮肤衰老变皱的功效。还含有维生素E，防止皮肤色素沉着，消除皮肤黑斑、黄斑。

冬瓜

冬瓜中含水分56.5%，另含蛋白质、碳水化合物、

粗纤维及钙、磷、钾等矿物质和胡萝卜素、维生素B_1、维生素B_2、维生素C与烟酸等活性成分，可清热、解毒、利尿、消肿，还可净面美容，减肥去脂。另外，冬瓜含微量元素锌、镁。锌可以促进人体生长发育，镁可以使人精神饱满，面色红润，肌肤白净。

第二章 面部肌肤护理

脸是人与人交往的名片，因而面部护理是肌肤护理中关键的一环。可是阳光中的紫外线、空气中的灰尘污染，还有绚丽的彩妆，这些弥漫在生活中看似平常的细节，都是让面部肌肤氧化的元凶，而氧化又是加快老化的始作俑者。

对于惜美如金的美女们来说，当然不会忽略这些美丽杀手，于是常常会冒出这样不现实的想法，多希望每天能戴着坚固的抗氧化面罩生活，这样就可以做“无龄美女”，放心地行驶在老化的慢行道上了。其实，如果保养护理得当，我们的面部肌肤不但真的可以戴上透明的抗氧化面罩，而且能够得到深度滋养和修复，使美女们能够长葆青春靓丽。

本章介绍了包括洁面水、爽肤水、面霜、面膜、按摩膏在内的各种面部护肤品的制作和使用方法以及功效。其中倾力推荐的150种面膜，针对每种肤质和每种问题肌肤给出了多种解决方案，利用手边成本低廉的原料，轻松打造靓丽肌肤！

肤质判断DIY

要想保护好自己的肌肤，选择适合自己皮肤的化妆品，首先要了解自己肌肤的性质。按照肌肤特性可分五大类：油性皮肤、中性皮肤、干性皮肤、混合性皮肤、敏感性皮肤。下面教您几招判断肤质的方法：

取清洁柔软的纸巾或手帕，在鼻翼两侧或前额部反复擦拭，将肌肤表面分泌的皮脂尽量擦拭下来。

1 观感判断

油性皮肤——毛孔粗大，皮脂分泌较多，易生粉刺暗疮，不易产生皱纹。肤色常为淡褐色、褐色、甚至红铜色。

中性皮肤——表面平滑细腻，光泽度佳，皮脂分泌适中。

干性皮肤——干燥无光泽，毛孔不明显。肤色洁白或白中透红，易起皮屑，易皱裂。

混合性皮肤——两颊及外侧为干性，“T”字部位（指脸上的前额、鼻梁部分）为油性，易长粉刺。

敏感性皮肤——毛孔粗大，容易出现泛红、过敏现象，换季或遇冷热时肌肤发红，易起小丘疹，毛细血管浅，容易破裂形成小红丝，有脱屑现象。

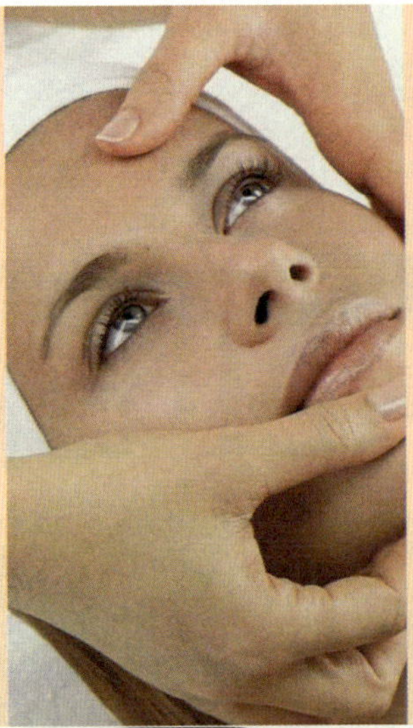

2 触感判断

油性皮肤——油质，弹性好。

中性皮肤——有弹性，有一定的湿润度，易上妆。

干性皮肤——有点粗、发干，弹性小，易生皱纹及斑点，食指轻压肌肤，就会出现细纹。

混合性皮肤——两颊及外侧干燥，前额、鼻部等处有油光，弹性好，其余部分干燥。

敏感性皮肤——肌肤较薄，缺乏弹性。

3 擦拭法判断

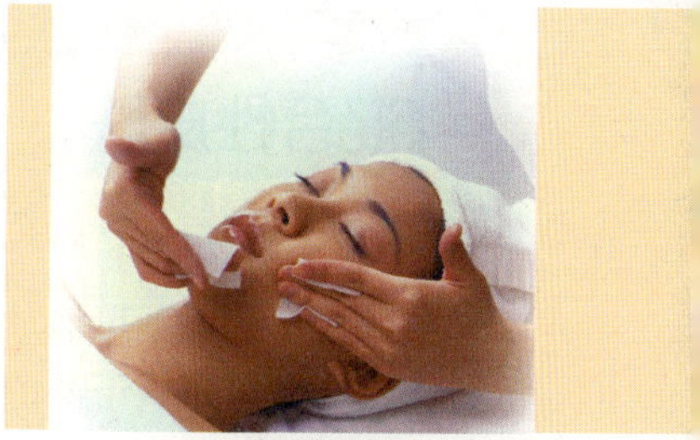

油性皮肤——纸巾满是油光发亮的分泌物。

中性皮肤——介于油性皮肤和干性皮肤之间。

干性皮肤——擦拭后的纸巾无油性且颜色浅淡。

4 洗面法判断

在洗脸之后、使用化妆品之前，肌肤有种紧绷感，可根据紧绷感消失的时间来判定肌肤的类型。

油性皮肤——洗面20分钟后紧绷感消失。

中性皮肤——洗面30分钟后肌肤感觉正常。

干性皮肤——洗面后40分钟以上紧绷感才消失。

不同肤质的护理

1 油性皮肤

大部分油性肌肤，都有易生痤疮的烦恼，因此平日要加强清洁程度，多做深层清洁面膜，以及用oil free（无油）护肤品，改善出油的现象。

如果“T”字部位油脂多，不妨适当地使用控油洁面产品，并且每周做1~2次深层清洁面膜；也可将面膜专门敷在最常出油的“T”字部位，这样就不怕面膜太过刺激而伤到两颊肌肤。此外，选购防晒用品，也要谨记选择oil free（无油）标准。

2 中性皮肤

一般来说不需要特别的护理。但是受季节的影响，中性皮肤夏季会趋向油性，冬季趋向干性，可根据季节选择保湿或抑制油脂的产品。

3 干性皮肤

长雀斑者多属干性皮肤，因此首先要保湿，充足水分可让肌肤新陈代谢正常，不易出现色素沉淀的问题；晚上洁面后，要涂美白精华液，若再涂上较滋润的美白乳液或晚霜，效果更佳。

干燥皮肤容易出现脱皮情况，太强烈的去角质或深层清洁面膜，便可能连正常肌肤的角质也去掉，使皮肤抵抗力变弱。如果想同时美白和保湿，谨记先美白后保湿。

4 混合性皮肤

混合性皮肤应加强“T”字部位的清洁，但不可增加洗脸次数，以免两颊干燥的肌肤因洗擦多而出现脱皮现象；另外可在“T”字部位用控油产品、吸油纸或喷雾化妆水来除油。

要多在干燥面颊的保湿上下功夫，不妨用美白精华液涂匀全脸，再以保湿性高的乳液涂于两颊部位。

5 敏感性皮肤

清洁用品越简单、温和越好。洗脸后可使用爽肤水为肌肤再次清洁并提供滋润。避免使用含香料、酒精或其他金属成分的保湿产品，以防引起过敏。alcohol（含酒精）、bronopol（溴硝醇）、sorbicacid（山梨酸）、paraben（防腐剂）、fragrance（香料的总称）等都是容易引起过敏的化学物质，购买产品前要先在外包装上查看清楚，含有以上几种物质的护肤品尽量不要购买。

第一节 面妆的卸除

夏日护肤的重头戏就是防晒和清洁。不过这两个程序仿佛天生是一对矛盾，防晒成分会加重皮肤负担，一天下来甚至会让毛孔无法呼吸，这时候做好肌肤的“大扫除”就成为头等大事！ 我们倡导三步清洁步骤：卸妆—清洁（洗脸和爽肤）—深层清洁（去角质）， 这三步是保证肌肤正常血液循环和新陈代谢的基础，也是确保肌肤健康活力的重要环节。

卸妆产品的分类

卸妆是清洁肌肤的序曲。市面上的卸妆产品大致可分为以下五类：

1 卸妆水：

不含油分，根据不同的配方分为弱清洁和强力清洁两大类。前者用来卸淡妆，使用后感觉十分清爽；后者适合卸浓妆，但容易使肌肤干燥，问题肌肤不宜长期使用。

2 卸妆乳：

乳状质地，是容易涂抹的卸妆品。使用后很容易用化妆棉或水清理干净，适合中度化妆或者特殊情况临时使用。水与油相对平衡的卸妆乳液很适合干性肌肤，油性成分可以洗去污垢，水性成分可以留住肌肤的滋润成分，适用于任何肤质。

3 卸妆油：

是最容易卸除彩妆的产品，大多遇水即乳化成泡沫，作用是将油性的彩妆与脏污溶解。基本的成分为矿物油、植物油或合成脂，适用于任何肤质。

4 卸妆棉布：

强调卸妆、洁面、促进血液循环及滋润多种功能于一体的卸妆棉布，使用起来的确非常方便，尤其适合经常出差在外的女性。不过很多卸妆棉布都会设计有清除角质的功效，所以敏感皮肤最好不要早晚使用，隔天用一次即可。

5 卸妆专用产品：

眼部、唇部的肌肤非常

脆弱，容易受到刺激或引起过敏，所以一定要选择专门为这些部位而设计的卸妆产品，还要配合最温柔的卸妆方法，才不会对娇嫩的肌肤造成伤害。一般眼部卸妆产品也可用于唇部。

卸妆油使用方法

1

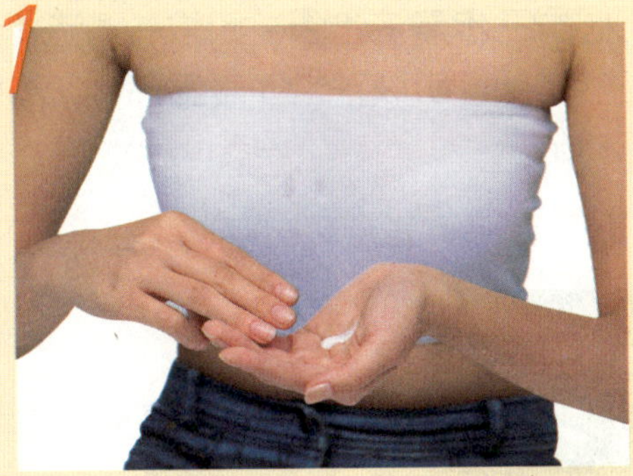

保持手部和脸部干燥，防止提前乳化，影响效果。

2

按压1~2次半分量的卸妆油在手心，慢慢从脸上推开，做打圈式按摩。

3

手部打湿往脸上加水，但不要一下子用太多水，否则卸妆油会在还没完全乳化前被冲掉。当卸妆油接触水以后变成很稀薄的奶液状的时候，再次按摩，达到二次清洁效果，但为了减轻卸妆产品对肌肤的刺激，整个过程不宜超过3分钟。

4

用流动的水冲洗干净。

第二节 洁面水

洗脸可谓生活中极普通的事情，无论是年龄差异还是爱美程度的不同，只要不是条件过分苛刻或极其懒惰，每日洗脸则必不可少。“随随便便一抹就算完事”，这是不少人的洗脸程序，也正是导致许多人毛孔粗大、毛孔内藏污纳垢，甚至“痤疮”丛生的主要原因。对于美容而言，洗脸是最基本的要求，是保养皮肤的第一步。懂得洗脸的艺术，掌握正确的洗脸方法，选择合适的洁面产品，对长久保持皮肤的弹性、充分发挥其防护功能是十分必要的。

洁面水分类

1 泡沫型：

特点：丰盈、细腻的泡沫，温和地带走肌肤上的污垢。

注释：泡沫的细腻触感，增加了洁面的乐趣。泡沫型洁面水是最传统的洁面产品，它轻柔的质地不会损伤肌肤，同时能深入毛孔发挥清洁功效，对于肌肤粗糙以及毛孔堵塞者来说是很好的选择。

2 油脂型：

特点：滑爽的使用触感，难卸的彩妆也能在瞬间神奇脱落。

注释：能轻松除去那些难以去除的污物、彩妆及毛孔内的污垢。适合每天都化妆的人群使用。

3 乳液型：

特点：清洁肌肤，赋予丰富的营养滋润肌肤。

注释：乳液型洁面水能在清洁肌肤后于肌肤表面形成保护膜，给肌肤提供不可缺少的滋润。所以此类产品适合过敏性肌肤者使用。

如何选购洁面水

1 包装标示完整

在选购洁面用品时，最重要的步骤是先看看产品的外包装，是否清楚注明品名、主要成分及详细成分、用途、用法及产品特性或说明、制造日期、出厂日期、批号、有效期限或保存期限、保存方法及注意事项、产品相关规格及重量或容量、制造商及进口或经销商公司名称及地址、联络电话及消费者服务咨询专线等。

这些信息是厂商专业度及对消费者重视程度最基本的表现，而且若其中有完整的成分标示，消费者不但可以进一步了解价格差异的真相，更可以迅速地找到合适的洁面用品，使用起来也比较安全。

2 试着了解产品的基本成分

洁面用品的主要原料就是界面活性剂，最常见的界面活性剂不是脂肪酸盐皂就是化学合成的界面活性剂，每种界面活性剂有其不同的去脂力、发泡力及对皮肤的刺激性。如果可以了解基本的产品成分，就可以掌握产品特性，选择上可以更正确。

一般说来，清洁力较强的成分，肤质健康偏油性的人比较适宜使用。常常有人使用号称可以深层洁净的洁面产品之后，会觉得肌肤特别干燥、紧绷，这是因为产品中常加入皂性成分所致。此外，虽然使用pH值接近皮表微酸性的洁面用品比较好，但产品的酸碱度并非洁面用品是否会伤害皮肤的绝对因素，洗净成分及额外添加物的种类及特性，才是影响其刺激性的重要原因。

市面上有许多宣称抗痘或治痘的微酸性洁面产品，常加入水杨酸及一些抗菌杀菌剂，其清洁洗净能力也比较强，但这些产品如果长期使用，不但可能造成皮肤干燥，更可能改变表皮正常共生菌的平衡，进而危害皮肤健康。所以一般人不需要一直使用这类产品来预防痤疮的发生，长痤疮也并不一定非要使用标榜具有抗痤疮能力的洁面用品。

3 最好成分单纯

许多清洁产品除含有清洁因子之外，还强调具有美白、保湿作用，或含果酸去角质的附属成分，但事实上强调的这些成分并不一定非常有用。

洗脸的时间顶多只有2~3分钟，要在这么短的时间内，让美白或果酸成分发挥完整的效果几乎不可能；而且这些附属的成分浓度一般都不高，即使发挥作用也相当有限；洗脸后所有在脸上的东西，都已经被水冲洗殆尽，即使在清洁产品中加入大量保湿剂，也很难留在脸上发挥功效；还有些洁面用品添加了许多植物精油、植物萃取物或香料，除了增加香气及产品名义上的附加价值外，对于皮肤清洁及保养的功效，帮助也不会太显著。

4 洗后感觉清爽洁净，不过度紧绷滑腻

洁面用品依其成分不同，对皮肤的刺激性及清洁力的差异也比较大。一般说来，洗脸后的正常感觉，应该是清爽洁净而不过度紧绷滑腻，更不应有刺痒、发红、脱皮或起疹子的情况发生。另外，洁面用品需要因季节、环境及皮肤状况不同做适度调整，如在干冷的冬天或因使用维生素A酸而造成皮肤干燥时，就不适合以清洁力过强的清洁用品洗脸，否则皮肤将会更加干燥难受。

5 适合自己的才是最好的

每个人的肤质及肤况都不同，价格高的产品并不一定适合自己的皮肤，别人觉得好用的洁面产品，也不一定保证自己就合用。选购洁面产品时最好给自己差不多一周时间的试用期，提议大家买最小包装的一种回家试用。

洁面水的质量鉴定

面对市面上品种繁多、功能各异的洗面奶，买回家之后最好再次进行质量鉴定，避免让劣质的产品伤害了自己的肌肤。鉴定方法其实非常简单：

pH法：	将其按 1:10比例溶于未曾暴露在空气中 30 分钟的温开水中，如果所形成的溶液使 pH 试纸显色范围不在4.5~8.5 之间，则为劣质品。
高温法：	如果在39℃~41℃环境里放置24小时，恢复室温时出现分层、变稀、变色现象，则为劣质品。
低温法：	如果在－9℃~－11℃环境里放置24小时，恢复室温时有分层、泛粗、变色现象，则为劣质品。

洁面水的使用

首先

无论用什么样的洁面产品，量都不宜过多，面积有五分硬币大小即可。在向脸上涂抹之前，一定要先把洁面产品在手心充分稀释及打起泡沫，忘记这一步的人最多，而这一步也是最重要的一步。因为，如果洁面乳不充分稀释或起沫，不但达不到清洁效果，还有可能残留在毛孔内，导致毛孔粗大，甚至产生痤疮。

其次

把泡沫涂在脸上以后要轻轻打圈按摩，大概按摩15下左右，让洁面水遍及整个面部。按摩完后，用湿润的毛巾轻轻在脸上按，反复几次后就能轻松除掉洁面产品，又不伤害皮肤。

至此

您可能认为洗脸的过程已经全部完成了，其实并非如此。还要照照镜子检查一下发际周围是否有残留的洁面乳，这个步骤也经常被人们忽略。有些女性发际周围总是容易长痤疮，其实就是因为忽略了这一步。

最后

用双手捧起清水撩洗面部20下左右，同时用蘸了凉水的毛巾轻敷脸部。这样做可以使毛孔收缩，同时促进面部血液循环。这样才算完成了洗脸的全过程。

照着以上的程序洗完脸，再照照镜子，您会发现脸部皮肤光洁白嫩了许多。第一次这样认认真真洗过脸的人，常会兴奋得马上想再试一次，可是千万不要这样做，过于频繁地洗脸会使皮肤变得干燥。

另外

最好不要同时使用多种洁面产品，因为不恰当地混合使用这些产品很容易导致肌肤缺水，失去光泽，甚至产生过敏反应。

十大洁面常识

皮肤不仅是最大的保护性器官，它还是最大的排泄器官之一，皮肤小汗腺的分泌物有盐分、尿素和乳酸，每天还要分泌大约1～2升的水分；皮肤大汗腺的分泌物更加复杂，含有蛋白质、油脂、碳水化合物和盐分，是一种黏稠得像奶汁一样的乳浊液。除了分泌物，皮肤上还附有脱落的皮屑、灰尘等，所以洁面永远是美容护理关键的第一步骤。

皮肤正常状态呈弱酸性，pH在4.5～6.5之间，受到外界气候等环境的影响，这种状态会被破坏，而清洁皮肤可以调节皮肤的pH，使其恢复到正常的酸碱度。如果您了解更多的洁面常识，掌握正确的洁面方法，简简单单就能提升肌肤的靓丽指数，达到让您怦然心动的效果。

1 选好洁肤时间

清晨起床后立刻洁肤，可及时清除夜晚附着在脸上的油脂和代谢废物，保持皮肤清爽，有利于皮肤呼吸、排泄和吸收营养；晚上睡觉前洁肤，有利于彻底清除日间尘埃、细菌等残存物，去除堵塞毛孔的污垢，有益皮肤的修复和获得营养；一天中，应在下班后增加一次洁肤，可尽快清除在工作环境中碰触上的各种污染物，这是保持肤质靓丽的一个秘诀。

2 先用香皂把手洗干净

不洗手就进行洁面是绝对错误的，不干净的手可能对面部造成二次污染，而且会影响洁面产品的稀释或起泡程度，使清洁力度下降，所以干净的手也是洁面的基本条件之一。

3 用温水清洗脸部

用温水洗脸可以使毛孔更利于污垢浮出表面，洁面产品也容易渗入进行深层清洁。如果用冷水洗的话，反而会使毛孔收缩；热水则会过度刺激面部，造成毛孔粗大或形成敏感性肤质。

4 合理选择洁面产品

上面已经详细叙述了洁面产品的选购常识，在这里强调的是一定要避免使用劣质洁肤用品以及含碱量高的洁肤用品。劣质产品会直接伤害娇嫩的肌肤，甚至导致皮肤病变；含碱量高的产品虽然去污力强，但若长期使用，会对皮肤造成较大的伤害。

另外，建议您最好隔一段时间，就根据自己的肤质、气候状况及生活环境换用其他功能的洁面产品，这样能更加增强清洁效果。

5 在洁面产品中滴两三滴温水

让洁面产品充分起泡需要水分和空气。先滴两三滴温水，如不够再加，因为水如果太多，泡沫就不细腻。洁面产品充分起泡需要空气，一边融进空气，一边就可以起泡，好像在制作奶油一样，推荐使用容易使洁面产品起泡的干净海绵。

6 洁面的重点区域

“T”字部位：为了让泡沫吸附更多的皮脂，首先从皮脂最多的“T”字部位开始洗。额头部位是由里到外，鼻子则要在鼻尖部位转圈清洗。

脸颊部位：皮脂较少的脸颊部位，应像按摩一样画圆清洗。手不要直接接触肌肤，而是利用“泡沫棉”来清洗。

下颌处：除了“T”字部位之外，皮脂最多的是下颌处。从脸部边缘到下颌处一定要仔细清洗；脸庞和脖子的边界也不要遗漏。最后在眼睛周围和鼻子底下用泡沫清洗结束洁面。

7 洁肤动作要轻柔

洁肤动作一定要轻柔，千万不要太用力，否则不但可能产生皱纹，还可能因为洗去过多的有天然屏障作用的脂质物，造成脱皮、过敏。还有一些人生怕洁面产品除不干净，就用湿毛巾用力地擦洗，事实上擦拭清洗的方法会因用力摩擦而损伤肌肤纤维组织，使肌肤失去致密感和弹性，甚至可能形成各种皮肤炎症。

8 清水冲洗20次以上是基本原则

为了清洗掉泡沫，要用流动水冲洗20次以上，一直到没有黏滑的感觉为止。检查是否有没冲洗干净的地方，即使是认真冲洗，发际和脸部边缘也可能会有冲洗不干净的时候。照着镜子检查一下，如果有不干净的地方再冲洗一次。

9 用干净的毛巾轻轻地吸干脸部水分

毛巾是洗脸的重要工具，一定要柔软、干净，要有吸水力强、容易风干等特性，并一定要自己专用，避免细菌等脏污互相传染。为了让毛巾吸收水分，可轻轻地将毛巾按在脸上将水吸干，如果使劲擦干水分的话，会起到反作用，伤害娇嫩的肌肤。

10 深度洁肤

磨砂洁面霜是周末大扫除的好产品。每天例行的洁面程序只能去除浮在表皮的灰尘污垢，而对于已死掉但仍附着在皮肤表面的老死细胞，是需要借助磨砂性质的洁面霜或去死皮霜来清除的。磨砂产品不能多用，每周一次就足矣，通过轻微的摩擦动作，将皮肤表面过剩的油脂去除，也可以磨掉皮肤表面的疏松角质层鳞片，让皮肤重显光泽。

天然洁面水自制配方

鲜果时光

柚子洁面水

材料：柚子1个，矿泉水、低度白酒适量。

轻松DIY

1 柚子洗净，一切四瓣，把子取出。

2 将去子的柚瓣放进锅中，加入矿泉水，武火煮开后用文火焖30分钟。

3 将煮烂的柚瓣捞出滤去汤汁，然后放入搅拌器中搅成糊状。

4 将柚子糊装入瓶中，再倒入低度白酒，静置。

使用方法：

用瓶中澄清的溶液洗手、洗脸。

适用肤质：

除敏感性皮肤外的任何肤质。

美丽功效：

柚子皮含有精细成分，有温热效果，有利于促进血液循环。它的果汁中含有维生素C、维生素B_1、维生素B_2，对肌肤干燥者有较好的疗效。柚子还含有铁、钙、钾等矿物质，对血液有净化作用。

护肤小提示

在柚子汁中添加适量的燕麦粉、面粉，混合后用来做面膜，肌肤将更加细腻光滑。

知识补给站

洗脸的四大误区

（1）用脸盆：应用流动水洗脸。脸盆中的水在手脸互动之后不洁净。

（2）用肥皂：面部肌肤有大量的皮脂腺和汗腺，在肌肤上形成一层看不见的防护膜。它略呈酸性，有强大的杀菌护肤作用。偏碱性的肥皂不但破坏了它的保护作用，而且会刺激皮脂腺多“产油”。越是用肥皂“除油”，皮脂腺“产油”就越多。

（3）用热水：热水会彻底清除面部的自然防护膜，所以用热水加肥皂洗脸之后，人的肌肤会感到紧绷难受。其实，即便是在严冬也不必用热水洗脸，温水就能把脸上的浮尘洗去。

（4）用湿毛巾：久湿不干的毛巾容易滋生各种微生物，毛巾应该经常保持清洁干燥。

橙汁洁面水

材料：橙子1个。

轻松DIY

将橙子榨汁。

使用方法：

（1）把面巾纸或化妆棉在橙汁中浸透。

（2）用化妆棉擦拭面部肌肤。

（3）待橙汁被充分吸收后用清水洗净。

适用肤质：

任何肤质。

美丽功效：

橙子含有丰富的营养，而其中的可溶性成分既能卸妆又可彻底清洁面部污垢和油脂，发挥深层洁肤功效。

护肤小提示

橙子属光敏感物质，使用橙汁洁肤后应尽量避免阳光暴晒。

知识补给站

何为光敏物质

所谓光敏感物质，即该物质被肌肤吸收后，一经日光照射，就会改变该物质结构，引起皮肤过敏、肌肤黝黑、皮肤炎，甚至水肿、坏死等。常见的芹菜、白萝卜、九层塔、新鲜木耳、柠檬、小黄瓜、橙子等都属于光敏感物质，对希望维持或加强美白功效者而言，这些食品应少吃。

鱼腥草洁面水

蔬菜当道

材料： 鱼腥草150克，香油1匙，烧酒或白酒1杯。

轻松DIY

1 将鱼腥草洗净，切成碎末。

2 将鱼腥草裹进纱布中，将汁挤出，过滤，再加入 35 度烧酒或白酒 1 杯。

3 静置一周后加入 1 匙香油，搅拌均匀。

使用方法：

（1）将鱼腥草洁面水摇匀。

（2）将洁面水倒入手心，双手轻轻摩擦片刻。

（3）用双手轻轻搓洗脸部，大约1分钟后用清水洗净。

适用肤质：

任何肤质。

美丽功效：

鱼腥草具有抗菌、利尿和扩张毛细血管的作用，可促进皮肤的血液循环，加快新陈代谢，对痤疮、雀斑有较好疗效。

护肤小提示

鱼腥草渣还可用于盆浴或茶饮，使皮肤变得自然、光滑。

知识补给站

对付痤疮之3分钟洗脸法

（1）先准备一条干净柔软的干毛巾和一块刺激性小的中性香皂。

（2）把香皂在温水（22℃～23℃）中揉搓起泡，泡沫越多越好。用双手把泡沫捧起来洗脸1分钟，不要太用力，如果觉得疼痛就停止。

（3）接着用热水（38℃～40℃）清洗20秒钟，再换温水淋洗20秒，如此反复3遍。若用淋浴器更好，脸距喷头约一拳远，一边喷淋面部（用热水），一边用手指肚轻轻敲打面部。

（4）用干毛巾先把脸上的水擦净，再轻轻地压脸吸水。

（5）最后涂上具有收敛作用的爽肤水，涂后觉得有紧绷感，则可多涂几次。

此法必须早晚各一次。对早、中、晚期痤疮都有明显效果。

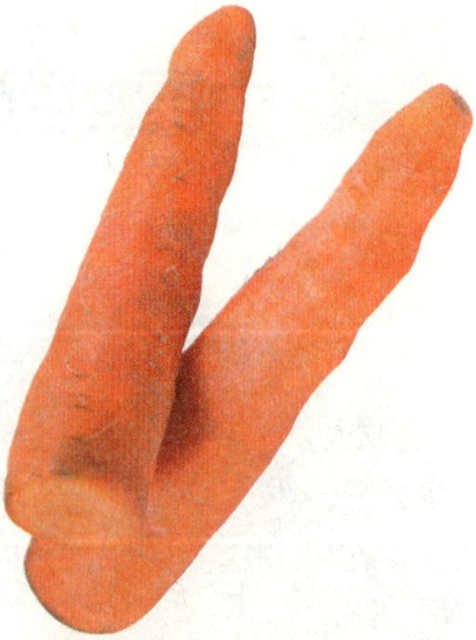

萝卜洁面水

材料：胡萝卜1根。

轻松DIY

1 胡萝卜洗净、去皮、榨汁。
2 滤去渣子，把汁放入玻璃器皿中。

使用方法：

（1）将脸打湿，用萝卜洁面水清洗脸部。

（2）用清水洗净即可。

美丽功效：

胡萝卜富含维生素A，用来洁面能有效清洁肌肤细胞中的污垢，为肌肤补充水分，使肌肤更光滑，还有祛斑增白，消炎除痘之功效

护肤小提示

此水能在冰箱中冷藏，保持1周不变质。

知识补给站

对付痤疮洗脸法之初级洗脸法

在使用3分钟洁面法1个月后，无论青春痘减少与否，都可转入本法，这属于初级洗脸法。

（1）准备一条毛巾，香皂和一块纱布。

（2）先将纱布折成一小块，蘸上香皂泡沫，轻轻擦洗额头、下巴、鼻子等处。

（3）用清水和香皂洗净纱布后，再把纱布缠在食指和中指上，蘸上香皂泡沫，轻轻擦洗两颊中心部和整个面部。

（4）最后再用清水和香皂洗净纱布，然后将纱布绕在食指上，蘸上香皂泡沫轻轻地擦洗眼睑下柔细的肌肤，如果觉得有刺激或疼痛就停止。若第二天还觉得疼痛，要减轻擦洗力度。

（5）初级洗脸法第一周每隔两天洗一次，第二周隔一天洗一次，第三周每天洗一次。

茄子洁面水

材料：茄子1个，矿泉水50毫升。

轻松DIY

1 茄子洗净，去皮，放入榨汁机中榨汁。
2 去渣，将茄子汁放入玻璃器皿中。
3 加入矿泉水混合均匀。

使用方法：

（1）将脸部打湿。

（2）用茄子汁清洗脸部。

（3）用清水洗净。

美丽功效：

茄子富含维生素E，用来洁面能有效滋润肌肤，深层清洁肌肤，令肌肤光滑、细嫩，更有治疗雀斑的功效。

护肤小提示

（1）此洁面水能在冰箱中冷藏，保持1周不变质。

（2）将新鲜的茄子切成片，搽抹脸部雀斑处，每日3～5次，连搽数日可淡化斑点。

知识补给站

对付痤疮洗脸法之中级洗脸法

初级洗脸法进行一个月后，若有效果可转入本法。

（1）准备香皂、毛巾和一副棉布白手套（质地薄的好），并把其中一只手套的中指、食指和无名指处剪下来，形成三个指套。

（2）先将完好的手套蘸上香皂泡沫轻柔地擦洗整个脸部。肌肤细腻的人可在食指和中指戴上指套，蘸上泡沫清洗整个面部。

（3）然后食指、中指和无名指都戴上指套，蘸上香皂泡沫轻轻擦洗两颊、额头和下巴。

（4）脱下指套，仅食指保留指套，蘸上泡沫轻轻擦洗眼睑下柔细的肌肤，最后用清水洗净，用毛巾擦干。

菠菜洁面水

材料：菠菜100克，清水500毫升。

轻松DIY

1 将清水烧沸。
2 将洗净的菠菜放入沸水中。
3 加盖煮 5 分钟后捞出菠菜。
4 待汤汁冷却后倒入玻璃器皿。

使用方法：

（1）将脸部打湿，用菠菜洁面水洗脸。

（2）用清水洗净。

美丽功效：

菠菜含有丰富的维生素及矿物质，用来洁面可深层滋润肌肤、有效锁住水分，使肌肤细腻、润泽，对治疗痤疮也有一定疗效。

护肤小提示

菠菜捣烂取汁，每周洗脸数次，连续运用一段时间，可减少皱纹及色素斑，保持皮肤光洁。

知识补给站

对付痤疮洗脸法之高级洗脸法

前三种方法应用后若青春痘依然存在，则可用此法。对痤疮已经形成瘢痕的人更为适用。

（1）准备香皂、毛巾和一把轻柔型的儿童牙刷。

（2）将香皂在手心上揉搓起泡沫并用牙刷蘸取少许。

（3）用蘸上泡沫的牙刷轻轻地擦洗额头、下巴等纹理较粗的地方，然后用清水洗去脸上的泡沫，最后用清洁的干毛巾擦干脸上的水分。

花朵芬芳

玫瑰洁面水

材料：整朵玫瑰若干，香醋、纯净水适量。

轻松DIY

1 清晨，摘取未全开的玫瑰，整朵浸入香醋中。

2 静置 1 周，然后兑入适量的纯净水制成洁面水。

使用方法：

（1）将脸部打湿，用玫瑰洁肤水洗脸。

（2）用清水洗净。

（3）每天早晚使用。

适用肤质：

任何肤质。

美丽功效：

玫瑰中含有透明质酸、胶原蛋白、维生素及天然保湿因子，长期使用可彻底去除面疱、痤疮，使肌肤变得光滑柔嫩。

护肤小提示

玫瑰洁面水常温可保存1~2周，低温则时间能更久一些。

知识补给站

对付痤疮洗脸法之超级洗脸法

此法不但对痤疮有防治作用，也可减少脸上密布着的皱纹。一般而言，痤疮患者的肌肤都是油性的，如果过分使用了脱脂香皂，则会使肌肤干燥。此时，就用本法来处理。

（1）将香皂用温水在手掌中揉搓起泡沫，再把泡沫小心地放入盛有温水的脸盆中，轻轻地搅和形成漩涡。

（2）等盆中的水即将停止旋转时，把脸浸入，让自然流动的泡沫冲洗脸部，如此20秒。然后把脸浸入另一个装有干净温水的脸盆中20秒，把泡沫浸净。如此连续 3 次，每次都要换水和换泡沫。

（3）到第三次清水洗净时，可在脸盆的温水中加几滴润肤油，再浸泡20秒。

（4）反复用毛巾擦干或压吸脸上的水分。

绿茶洁面水

材料：绿茶2克，柚子1片，低度白酒400毫升。

轻松DIY

1 将绿茶、柚子放入盛有白酒的玻璃瓶中，盖上盖子置于阴凉处。

2 1个月后，将柚子片取出。

使用方法：

（1）将脸部打湿。

（2）用绿茶洁面水清洁脸部。

（3）用清水洗净。

适用肤质：

除敏感性皮肤外的任何肤质。

美丽功效：

绿茶成分具有美白皮肤的作用，还可防治黑斑、蝴蝶斑。其含有的儿茶素可以收缩毛孔，增加肌肤弹性，绿茶配柚子来洁面可以有效改善干性皮肤，清洁肌肤细胞中的污垢与杂质，促进肌肤新细胞的生长，让肌肤细胞能更有效地吸收并锁住水分，使肌肤水润、饱满、有弹性。

护肤小提示

将绿茶冲泡5分钟后，用棉花棒蘸取茶水反复擦拭眉毛，可使眉毛变得浓密，有光泽。

知识补给站

冬季洁面护理提示

（1）冬季可利用洁面乳中的柔和成分滋润干燥的肌肤。市面上一些活肤洁面乳含温和按摩微粒，可在洁面的同时让肌肤因为严寒而趋缓的新陈代谢得到促进，减少表面细纹的出现。

（2）冬季沐浴之前要先洗脸。因为冬季沐浴时水温往往较高，用这样温度的水洁面会导致面部肌肤衰老，同时浴室里的热蒸汽会使毛孔张开，如不事先清洗干净，面部肌肤表面的灰尘、污垢会深入到毛孔内部，从而增加清洁难度。

（3）每次洗脸时进行适度的面部按摩大有裨益。冬季天气寒冷，毛孔收紧，血液循环不畅，很难呈现健康肤色。此时可自上而下、由内向外画圈，对面部做几分钟按摩，加速血液循环，令肌肤升温，毛孔扩张，排出陈旧表皮细胞，使面部肌肤恢复红润健康。此法还能提高肌肤对寒冷的抵御能力。

（4）清洁后的肌肤需要全面的保护。冬天也不能忽视对紫外线的防御，使用美白防晒护肤品能在滋润肌肤的同时保护肌肤免受紫外线的伤害。

百合花洁面水

材料：百合花2朵，医用酒精100毫升，冷开水200毫升。

轻松DIY

1 百合花瓣洗净，浸入盛有医用酒精的玻璃器皿中。
2 阴凉处保存1个月后，将冷开水注入器皿中。
3 将液体搅拌均匀。

使用方法：

（1）将脸打湿，用百合花洁面水清洗脸部。

（2）用清水洗净。

适用肤质：

油性皮肤。敏感性皮肤慎用。

美丽功效：

百合花中有些物质能有效呵护油性皮肤和毛孔易堵塞的肌肤，深层清洁毛孔中的污垢，迅速去油，平衡肌肤，缩小毛孔，使细胞吸收水分的同时保持清爽、润泽，同时有美白功效。

桦树洁面水

材料：桦树碎叶2匙，食用碱少许。

轻松DIY

1 桦树碎叶用半盆开水浸泡。
2 加入食用碱搅拌均匀。
3 放到暖和处1小时，过滤，去渣取汁。

使用方法：

脸打湿后，以桦树叶汁洗脸。

适用肤质：

油性皮肤。敏感性皮肤慎用。

美丽功效：

桦树叶含黄酮类化合物、单宁酸和挥发性精油等可使肌肤紧致，去除皱纹。

护肤小提示

（1）此汁液用来洗头，可以使头发光亮又有弹性。

（2）城市里面的桦树叶吸收了太多的废气和污尘，所以有机会可在郊区或农村多摘一些。

知识补给站

按摩除皱法

（1）消除前额皱纹

双手合掌，拇指靠在额头正中。两手上下移动。拇指至手腕部分的肌肉开始按摩额头。从轻至重，从额头太阳穴按摩至正中，往复3次。

（2）健美下巴肌肉

先在下巴上抹些护肤乳液，用右手食指按摩下巴右半部分，来回10次。再调转方向用左手食指按摩下巴左半部分。用手指将下巴尽量往上推，使下唇贴上唇，从1数到15。

芦荟玫瑰精油洁面水

精油迷情

材料：30毫升芦荟胶，50毫升橄榄油，30毫升玫瑰水，4滴玫瑰精油，2滴葡萄柚提取物。

轻松DIY

1. 将上述所有的配料搅拌均匀，然后倒入小瓶内。
2. 最好放入冰箱内保存，使用前需充分摇匀。

使用方法：

（1）取适量涂抹在脸部和颈部并轻轻按摩。

（2）用化妆棉擦拭干净或用清水洗净。

适用肤质：

任何肤质。

美丽功效：

综合各种植物成分，能彻底清洁肌肤，预防皱纹产生。

护肤小提示

（1）倒入橄榄油的时候一定要慢，避免水油分离。

（2）可以在溶液中加入黄瓜汁，以舒缓肌肤紧绷感。

知识补给站

芦荟是一种古老而神奇的多用途植物，早在三千多年前人类就用它治疗多种疾病。现代生物研究证明，芦荟含有大量的蛋白质、维生素、氨基酸、脂肪酸等营养成分，具有收敛肌肤、保湿、消炎、漂白的性能，有解除硬化、角化，改善伤痕的作用，不仅能防止小皱纹、眼袋、肌肤松弛，还能保持肌肤湿润、娇嫩，同时还可以治疗皮肤炎症，对痤疮、雀斑以及烫伤、刀伤、虫咬等也有很好的疗效。对头发也同样有保健效果，能使头发保持湿润光滑，预防脱发。

柠檬精油洁面水

材料：柠檬精油10滴，橄榄油90毫升，乳化剂10毫升。

轻松DIY

1 将乳化剂倒入玻璃器皿中，先慢慢加入橄榄油搅拌均匀。
2 再加入柠檬精油搅拌均匀。

使用方法：

（1）把液体加温，涂在脸上，轻轻按摩。
（2）取适量涂抹在脸上，用指腹轻轻按摩。
（3）用化妆棉擦拭干净，然后用清水洗净。

适用肤质：

任何肤质。

美丽功效：

能够完全卸去脸上的彩妆，深层洁肤，而且柠檬精油具有收缩毛孔的功效。

汉方料理

桃仁洁面水

材料：桃仁20克，粳米饭浆30克。

轻松DIY

1 把吃桃子留下的桃核砸开，去掉硬壳，取仁洗净。
2 把桃仁切碎，加入粳米饭浆，搅拌成糊状。
3 用滤纸过滤，去渣，澄清的液体装瓶备用。

使用方法：

（1）把液体加温，涂在脸上，轻轻按摩。
（2）5分钟后，用清水洗净。
（3）每日早晚各1次。

适用肤质：

任何肤质。

护肤小提示

将桃仁用开水浸泡后，去掉外皮，研成细泥状，用白蜜少许调成稀膏状。使用时取膏适量用温水化开，涂抹于面部，具有活血化淤、抗皱润肤的功效。

美丽功效：

桃仁味甘，性平，可活血祛淤；富含脂肪油，有润肤的作用。粳米饭浆质软黏稠，可黏吸肌肤表面的污物，具光洁肌肤的作用。

知识补给站

洁面水是否泡沫越多越好

洁面水中的泡沫可以帮助彻底清除化妆品、老死的角质层和阻塞毛孔的污物。高品质洁面水的泡沫应该细腻有质感，同时含有滋养肌肤的成分，粗糙而松浮的泡沫往往是因为产品中皂基较多，营养成分较少，因此洁净度和保湿效果都不好。

现在许多新品洁面水都是不含皂基的产品，泡沫不多但洗净力却很强，还有平衡油脂、保湿、滋润等多种功能，所以不能凭泡沫的多少来判断洁面水的品质优劣。

玉容丸

材料：白芨、白蔹、干胭脂各15克，蛋清适量。

轻松DIY

1. 将白芨、白蔹、干胭脂研成细末，均匀混合。
2. 用蛋清将药末调和为丸状。

使用方法：

（1）把液体加温，涂在脸上，轻轻按摩。

（2）5分钟后，用清水洗净。

适用肤质：

任何肤质。

美丽功效：

富含多种美白、滋润成分，去除面部色素沉着，使肌肤细腻红润。

护肤小提示

白芷粉加蛋白，搅成泥状涂抹于脸上；或调稀后用面膜纸敷脸15分钟，护肤效果显著。

添容丸

材料：黄芩、白芷、白附子、防风各3克，蜂蜜适量。

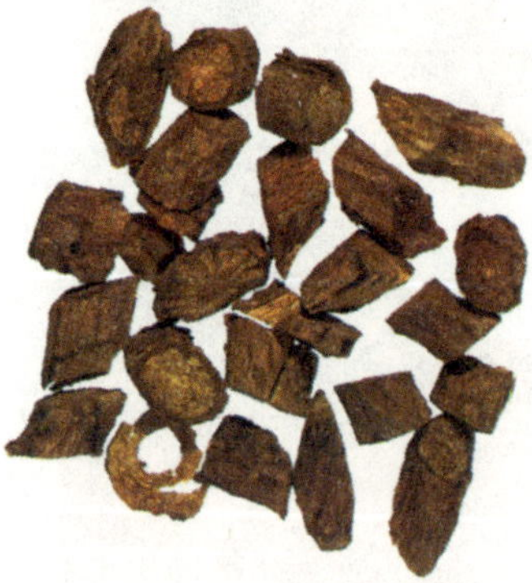

轻松DIY

1 黄芩、白芷、白附子、防风研成细末。
2 用蜂蜜把药粉调成丸状。

使用方法：

（1）将面部打湿后，在手心洒几滴清水将添容丸化开，两手均匀摩擦。

（2）双手按摩脸部。

（3）用清水洗净。

（4）每天早晚使用，晚上按摩的时间适当加长。

适用肤质：

任何肤质。

美丽功效：

可以治疗痤疮。

荟萃经典

精盐洁面水

材料：精盐1匙，清水适量。

轻松DIY

1 把 1 匙精盐放在手掌心。
2 加水 3 ~ 5 滴，用手指仔细将盐和水搅拌均匀。

使用方法：

（1）用双手蘸着盐水从额头自上而下搽抹，边搽边按摩。

（2）3分钟后，待脸上的盐水干透呈白粉状时，用温水将脸洗净。

（3）涂上保湿乳液。

（4）每天早晚各1次。

适用肤质：

中性、油性皮肤。敏感性皮肤慎用。

美丽功效：

淡盐水有很好的杀菌和去污效果，可以去掉毛孔中积聚的油脂及痤疮、黑头，还能迅速为肌肤补充水分，有效滋润肌肤，让脸部肌肤呈现透明的光泽。

护肤小提示

按摩时应该避开眼周围的肌肤，避免把盐水弄到眼睛里，造成眼结膜损伤。

小苏打洁面水

材料：小苏打0.5克，清水适量。

轻松DIY

将小苏打与水以1：5000的比例混合。

使用方法：

（1）先用此溶液洗脸。

（2）用清水洗净。

适用肤质：

除敏感性皮肤外的任何肤质。

美丽功效：

小苏打又名碳酸氢钠，呈弱碱性，可中和肌肤表面的酸性物质；水溶后释放出的二氧化碳能浸透并穿过毛孔及肌肤角质层，促进肌肤的血液循环，使细胞新陈代谢旺盛，令肌肤光洁、红润，富有弹性。

双氧水洁面水

材料：30%的双氧水50毫升。

使用方法：

（1）将脸洗净，用面膜纸或毛巾蘸上双氧水敷于面部。

（2）3～5分钟后揭下。

（3）每日1～2次，连用7～10天。

适用肤质：

除敏感性皮肤外的任何肤质。

美丽功效：

双氧水含有高浓度氧气，穿透细胞的能力很强，既有去除污垢的良好效果，又能直接供给肌肤充足的氧气，有利于增强表皮细胞活性，用双氧水敷面有娇嫩、美白肌肤的作用。

第三节 爽肤水

由于受到洁面产品的影响，刚洗完的肌肤一般呈偏碱性，爽肤水的作用就在于再次清洁肌肤表面、恢复肌肤表面正常的酸碱度、调理角质层，为肌肤更好地吸收将要使用的保养品做准备。

爽肤水的分类

随着美容科技的不断进步，爽肤水已不再只是二次清洁的附属产品，而是集多种功能于一身、能独当一面的护肤品。爽肤水按作用大致可分为五大类，您可以根据自己的实际需要挑选出您的最爱：

控油类爽肤水（收敛类）

吸取面部多余的油脂，帮助收敛张开的毛孔；调节油脂分泌，改善皮肤的质地，令皮肤恢复天然清爽。

保湿类爽肤水

可再次清洁肌肤，并补充肌肤所需要的水分；同时改善肌肤皮脂防御系统，帮助肌肤锁住水分。

紧肤抗衰老类爽肤水

加强修护和紧致皮肤的功效，能帮助皮肤对抗污染，减慢皮肤老化的速度，并且减少肌肤因为干燥而产生的皱纹；活化皮肤细胞并深入肌肤的深层组织，帮助血液循环，促进皮肤基底层细胞分裂的速度，使肌肤的新陈代谢正常。

美白类爽肤水

抑制皮肤表层黑色素活动，促进容颜的光彩，让肌肤在不知不觉中变得白皙光滑。

调理角质类爽肤水

清理皮层，除去干枯细胞皮屑；软化角质层，提高肌肤吸收滋润护肤品的能力；调理肌肤的酸碱度，抗衡侵害肌肤的各种外在因素，使肌肤焕发持久和谐的青春色彩。

爽肤水的使用

1

何必把爽肤水浪费在大块的化妆棉上呢？您的手远比化妆棉更适合用来拍爽肤水。先用棉棒将爽肤水涂到脸颊和脖子上，再用手掌轻轻拍打至完全吸收，这样可以促进血液循环，让皮肤为吸收滋养性保养品做好准备。

2

不少爽肤水是可以用来敷脸的。准备好纸膜，用爽肤水把纸膜泡开后敷在脸上，保湿效果不会比面膜差。

3

保湿功效强的爽肤水适合干性皮肤的人使用；而能够收敛毛孔的爽肤水是特别针对需要收缩毛孔的油性皮肤或混合性皮肤的“T”字部位所设计，通常都含有酒精成分，对其他肌肤（尤其是敏感性皮肤）并不适合。

天然爽肤水自制配方

爽肤水渐渐成为女人生活中必不可少的护肤品，一般用来调节肌肤酸碱度、更进一步清洁皮肤污垢和收缩毛孔。市场上买一瓶要花上几十元钱，这里我们教您一些既省钱又天然的护肤方法，使您在闲暇之余增加了许多DIY的乐趣，更达到了安全护肤的效果。

鲜果时光

柠檬蜂蜜爽肤水

材料：鲜榨柠檬汁1匙，蜂蜜1匙，清水1/3杯。

轻松DIY

将上述材料混合，倒入干净的喷壶中。

使用方法：

（1）洗脸后，将柠檬蜂蜜爽肤水喷在脸上。

（2）轻拍至肌肤完全吸收。

（3）涂上面霜即可。

（4）每天洗脸后使用。

适用肤质：

除敏感性皮肤外任何肤质。

美丽功效：

含强酸性成分，具抗菌、增强肌肤抵抗力的作用。

护肤小提示

此爽肤水置于冰箱中可保存一周。

柠檬伏特加爽肤水

材料：柠檬1个，伏特加酒80毫升，蒸馏水120毫升，甘油1匙。

轻松DIY

1 将柠檬皮切成细末，浸泡在伏特加酒中半日。

2 用滤网过滤。

3 把蒸馏水和甘油加到浸过柠檬皮的酒中，摇晃至均匀，倒入喷壶即可。

使用方法：

（1）洗脸后，将柠檬伏特加爽肤水喷在脸上。

（2）用指腹轻拍，待完全吸收后抹上面霜。

适用肤质：

特别适合油性皮肤，敏感性皮肤慎用。

美丽功效：

柠檬堪称美容“多面手”，含维生素C及果酸，具有抗菌

护肤小提示

由于此爽肤水中有酒精成分，所以可在冰箱中存放两周。

作用，可以软化角质层、清洁毛孔及增加脸部弹性；还能收敛毛孔并有效控油，滋润保湿、美白肌肤，平衡肌肤酸碱度。

知识补给站

肌肤出现过敏的对策

（1）立即停止使用任何化妆品，对肌肤进行观察和保养护理。
（2）不要用太热的水洗脸，以避免刺激肌肤；更不能使用肥皂和香皂，因为其中含量很高的碱会加重肌肤过敏的症状。
（3）洗脸时，可先用比较温和的洁面水在脸部轻轻揉拭，以溶解肌肤表面的污垢，然后用温水将脸洗净，再用干毛巾吸干脸上的水分。
（4）洗完脸后，避免涂抹任何护肤品。

甜橙米酒爽肤水

材料：甜橙1个，低度米酒360毫升 。

轻松DIY

1 将甜橙切片放进米酒中，用保鲜膜将容器口封住，放置一晚。
2 第二天，用滤纸将甜橙米酒过滤即可装入喷壶。

使用方法：

（1）洗脸后，将甜橙米酒爽肤水喷在脸上。
（2）用指腹轻拍，待吸收后，抹上面霜。

适用肤质：

除敏感性皮肤外的任何肤质。

美丽功效：

能够杀菌的米酒配上含丰富维生素C的甜橙汁，不但去污力及保湿力强，更能有效改善黯沉肤色。

护肤小提示

将香橙切片放入布袋，以其泡浴，可防止肌肤水分流失，发挥长时间滋润效果。

蔬菜当道

黄瓜爽肤水

材料：黄瓜1根，蜂蜜3匙，柠檬汁3滴，蒸馏水200毫升。

轻松DIY

1 将黄瓜洗净，捣烂之后用滤网滤出黄瓜汁。
2 将5匙黄瓜汁、3匙蜂蜜和3滴柠檬汁混合，然后加入200毫升蒸馏水，摇匀。
3 用窄口的玻璃瓶把上面的混合物密封保存，随用随取。

使用方法：

（1）洗脸后，将黄瓜爽肤水喷在脸上。

（2）用指腹轻拍，待吸收后抹上面霜。

适用肤质：

任何肤质。

美丽功效：

黄瓜含有丰富的维生素A，搭配含多种营养成分且兼具黏性的蜂蜜，能深层滋润肌肤。

护肤小提示

（1）用后需置于冰箱保存，一周内尽量用完，以防变质。

（2）黄瓜磨成泥和原味优酸乳调和，可以保湿干性皮肤。

（3）黄瓜泥混合蛋清和2匙柠檬汁，具有镇静、保湿与清洁的作用，适合油性皮肤。

知识补给站

飞机旅行保湿法则

（1）吃富含蛋白质及具有解毒作用的食物，如杏仁露、牛奶、蔬菜等。

（2）不可频繁饮用茶水。

（3）用果汁做滋润护理时，苹果汁和西红柿汁是最好的选择，因为它们既温和又能为肌肤提供必要的维生素C。

（4）在做完滋润护理后，戴上眼罩，可隔离空气中尘埃侵袭眼部肌肤，并因精神放松使全身肌肤得到休息。

冬瓜米酒爽肤水

材料：冬瓜500克，米酒100毫升。

轻松DIY

1 冬瓜洗净、切碎，放入高压锅内，倒入少量清水，文火慢煮20分钟。

2 出锅过滤弃渣，汁液倒回洗净的锅中，兑入米酒，烧沸后再煮 5 分钟即可。
3 放凉，灌入瓷瓶内置于冰箱贮存。

使用方法：

（1）洁面后，将冬瓜米酒爽肤水涂抹在皮肤上。

（2）用指腹轻揉，直至完全吸收。

适用肤质：

除敏感性皮肤外的任何肤质。

美丽功效：

冬瓜富含丰富的维生素C，对肌肤的胶原蛋白和弹力纤维都能起到良好的滋润效果。经常食用冬瓜，可以有效抵抗初期皱纹的生成，令肌肤柔嫩光滑。

护肤小提示

冬瓜米酒爽肤水不仅可防烈日暴晒，而且对日旋光性皮炎有很好的治疗作用，此时应洁面后，一日3次，每次涂抹10毫升。

知识补给站

花露水与皮炎

花露水含有一种叫“伊默宁”的成分，涂抹后可使蚊虫不再接近身体。但皮炎患者不能涂抹花露水，如果在患皮炎后涂抹花露水，“伊默宁”可导致肌肤出现过敏反应，加重皮炎症状。患皮炎的患者可在电蚊香片上滴4~5滴花露水，既能驱蚊又可避免肌肤过敏。

桃花爽肤水

花朵芬芳

材料：桃花若干，白醋或低度纯粮酒少许。

轻松DIY

1 清晨，采摘新鲜桃花若干。
2 将新采的桃花浸入白醋或低度纯粮酒内。
3 静置，待溶液呈微红色即可。

使用方法：

洗脸后，取少许甘油与之相揉擦脸。

适用肤质：

除敏感性皮肤外的任何肤质。

护肤小提示

此溶液内服更佳，长期服用可延缓衰老。

美丽功效：

桃花是上好的养颜妙品，内含丰富的山奈酚和香豆精等有机化合物，能抚平皱纹，延缓肌肤衰老，防止或减少色素沉着，使肤色红润。此爽肤水可使人增添娇色，面若桃花。

玫瑰爽肤水

材料：玫瑰花瓣若干，纯净水或矿泉水适量。

轻松DIY

1 清晨，采摘未喷药的新开玫瑰花。

2 将玫瑰花瓣放入双层锅内，至其容量的一半，然后倒入纯净水或矿泉水。

3 加盖并用文火慢蒸1小时。

4 将容器放置冷却，再用双手挤压里边的玫瑰花瓣，将汁液挤尽。

5 滤去使用过的花瓣，然后在锅内加入新的花瓣重复上述操作。

6 待到再次冷却后，将玫瑰水过滤，倒入经消毒的广口瓶中。

7 如果使用事先准备好的蒸馏装备蒸馏几小时后，玫瑰中的油将蒸发出来，冷却后将得到更加纯正的玫瑰水。

护肤小提示

自制的玫瑰水可以保存1～2周，冷藏保存的时间则更久一些。

使用方法：

（1）洗脸后，将玫瑰爽肤水喷在脸上。

（2）用指腹轻拍，待吸收后抹上面霜。

适用肤质：

除敏感性皮肤外的任何肤质。

美丽功效：

玫瑰中的精油成分可滋润干性皮肤，让肌肤更加红润、有光泽。

知识补给站

敏感性皮肤与酒精

含酒精的爽肤水容易使敏感性皮肤发红，还会令肌肤出现紧绷的现象，所以敏感性皮肤应选择不含酒精、香料的性质温和的爽肤水。

敏感性皮肤涂抹爽肤水时要用指腹轻揉，避免用力拍打，否则会使肌肤受压力刺激。

茉莉爽肤水

材料：茉莉花若干，纯净水适量，医用酒精少许。

轻松DIY

1. 清晨，采摘未全开的茉莉花，浸入纯净水中。
2. 密封静置数日后，兑入少许医用酒精。

使用方法：

（1）洗脸后，将茉莉爽肤水喷在脸上。

（2）用指腹轻拍，待吸收后抹上面霜。

适用肤质：

除敏感性皮肤外的任何肤质。

美丽功效：

茉莉花含苯甲醇、芳香醇醋、茉莉花素等有机物，可滋润干燥肌肤，配上酒精成分则能收缩毛孔，清爽肌肤。

百合花爽肤水

材料：百合花瓣若干，纯净水适量，医用酒精少许。

轻松DIY

1. 清晨，采摘百合花若干。
2. 将百合花瓣装入瓶内，注入医用酒精后密封。
3. 1个月后，以2倍的纯净水稀释。

使用方法：

（1）洗脸后，将百合花爽肤水喷在脸上。

（2）用指腹轻拍，待吸收后抹上面霜。

适用肤质：

除敏感性皮肤外的任何肤质。

美丽功效：

百合花含抑制黑色素活动的因子，从而能有效美白肌肤。

菊花爽肤水

材料：干菊花2克，开水2杯，盐少许。

轻松DIY

1. 干菊花用 1 杯开水浸泡，冷却后过滤。
2. 再倒入 1 杯加过 1 匙盐的凉开水，搅匀。

使用方法：

将菊花爽肤水灌入小喷壶中，感觉肌肤干燥时就喷补充的水分。

适用肤质：

任何肤质。

美丽功效：

菊花含有挥发油、胆碱、维生素、氨基酸等成分，能有效滋润肌肤，配以淡盐水更能抑制皮肤真菌并补充水分。

护肤小提示

干菊花以滚开水沏泡片刻后，加入少量蜂蜜，温服，具养颜美肤之功效。

银杏爽肤水

材料：银杏2～3颗。

轻松DIY

新鲜银杏榨汁，过滤即可。

使用方法：

（1）将银杏爽肤水直接涂在痤疮上。

（2）感觉干了之后再涂一层，直到用完。

（3）每日1次。

适用肤质：

任何肤质。

美丽功效：

解毒、排脓、治疗痤疮见效较快。

知识补给站

银杏的功效

银杏树早在冰川时期就已经存在于世上，是目前所知道的最长寿的树木之一。现在的许多美容、保健产品中，均可发现银杏的成分。银杏又叫白果，为银杏树的种子，李时珍谓白果“消毒杀虫，捣涂鼻面手足，去泡”。《医林集要》曾记载用银杏同酒水嚼烂，夜涂旦洗，治鼻酒、痤疮。

银杏叶中所含有的黄酮成分可以阻碍色素在真皮层的形成与沉着，达到美白肌肤的效果和防治色素斑块的作用；黄酮还是自由基的“清道夫”，能保护真皮层细胞，改善血液循环，防止细胞被氧化而产生皱纹；银杏叶中的锰、钼等微量元素，也能清除氧自由基及抑制黑色素生长。

芦荟爽肤水

材料：芦荟1片，纯净水适量。

轻松DIY

1. 芦荟洗净，去刺，去皮，放入榨汁机中榨汁。
2. 滤去渣，将芦荟汁加适量纯净水稀释。

使用方法：

（1）洁面后，将芦荟爽肤水拍在脸部。

（2）涂上面霜。

适用肤质：

任何肤质。

美丽功效：

新鲜的芦荟胶质成分能在脸上形成一层很薄的透明保湿膜，使肌肤清爽、细腻，充满弹性。

护肤小提示

用芦荟鲜叶汁早晚涂于面部15～20分钟，可使面部皮肤光滑、白嫩、柔软。

知识补给站

夏日化妆技巧

喜欢化妆，又是标准朝九晚五的办公室一族，即使在盛夏也可不必使用防晒霜而直接使用防晒粉底。

因为朝九晚五的上班族们，只有在早晚上下班的路上接触阳光，涂了防晒霜又涂粉底，皮肤双层不透气，导致皮肤双倍冒油，这等于是双倍浪费。如果直接使用防晒粉底，需注意以下几点：

（1）一定要挑选具有防晒功能的粉底，指数最好为SPF1（5）PA++，既能防UVA又能防UVB紫外线的粉底液；因为“液”比“粉”在面部保持的时间更持久。

（2）护肤品也要随之调整，要选择水质、啫喱、乳液状产品，要轻薄、少油甚至无油，减少油光满面的尴尬。

（3）洗脸之后要迅速拍上爽肤水，补充水分，紧致肌肤。

（4）化妆前涂抹上滋润无油的护肤乳液，让肌肤在使用化妆品之前达到最大的保水量，这样妆容会持久些。

（5）夏天皮肤较易受到污染，化妆品也容易变质而危害皮肤，因此脸上的化妆品保留时间不宜超过6~8小时。有条件的话，最好每4小时卸一次妆，用护肤品和清水进行彻底的清洁，然后到需要化妆的时候再重新化妆。

薄荷爽肤水

材料：薄荷叶碎末1匙。

护肤小提示

在炎炎夏日里，可将这种薄荷水制成冰块，每天早晨洗脸后，用冰块摩擦面部。

轻松DIY

1 用 1 杯开水浸泡薄荷叶碎末。

2 30 分钟后过滤，去渣取汁。

使用方法：

（1）洁面后，将薄荷爽肤水拍在脸部。

（2）涂上面霜。

适用肤质：

干性皮肤。

美丽功效：

薄荷中的清凉成分能平衡油脂分泌，深层滋润肌肤；收缩血管及毛孔，预防皱纹产生；排毒，消除痤疮。

精油迷情

橙花精油爽肤水

材料：橙花精油1滴，纯净水90毫升。

护肤小提示

将6滴橙花精油滴入浴缸中泡澡，可有效软化皮肤角质，改善松弛肌肤。

轻松DIY

将橙花精油滴入纯净水，混合均匀。

使用方法：

（1）洁面后，将橙花精油爽肤水拍在脸上。

（2）完全吸收后再涂上面霜。

适用肤质：

干性、敏感性皮肤。

美丽功效：

美白保湿、滋润肌肤，改善敏感肤质，促进细胞再生，消除瘢痕。

薰衣草精油爽肤水

材料：薰衣草精油2滴，蒸馏水100毫升。

轻松DIY

1. 将薰衣草精油滴入盛有蒸馏水的玻璃器皿中。
2. 将溶液搅拌均匀，装入消过毒的喷壶中。

使用方法：

（1）洁面后，将薰衣草精油爽肤水拍在脸上。

（2）完全吸收后再涂上面霜。

适用肤质：

任何肤质。

美丽功效：

薰衣草能促进细胞再生，延缓肌肤老化，消除瘢痕；平衡油脂分泌，缓解肌肤干燥；深层滋润肌肤，让肌肤更加光彩照人。

知识补给站

各种精油的英文名和拉丁文名（一）

（1）玫瑰精油
英文名：Rose
拉丁文名：Rosa Centifolia

（2）薰衣草精油
英文名：Lavender
拉丁文名：Lavandula Officinalis

（3）茉莉精油
英文名：Jasmine
拉丁文名：Jasminum Grandiflorum

（4）天竺葵精油
英文名：Geranium
拉丁文名：Pelargonium Graveolens

（5）杜松精油
英文名：Juniper Berry
拉丁文名：Juniper Communis

（6）薄荷精油
英文名：Peppermint
拉丁文名：Mentha Piperita

檀香精油爽肤水

材料：檀香精油15滴，蒸馏水100毫升，苹果醋4匙。

轻松DIY

1 将苹果醋与蒸馏水混合，搅拌均匀。
2 将溶液装入喷壶中，滴入檀香精油。
3 盖上盖子，摇晃瓶子，使精油在溶液中混合均匀。

使用方法：

（1）洁面后，将檀香精油爽肤水拍在脸上。
（2）完全吸收后涂上面霜。

适用肤质：

混合性、敏感性皮肤。

美丽功效：

可软化肌肤角质，预防皱纹产生；促进细胞新陈代谢，使肌肤保持水嫩；抑制色素活动，消除黑眼圈。

知识补给站

各种精油的英文名和拉丁文名（二）

（7）洋甘菊精油
英文名：Roman Chamomile
拉丁文名：Anthemis Nobilis
（8）尤加利精油
英文名：Eucalyptus
拉丁文名：Eucalyptus Citriodora
（9）甜橙精油
英文名：Sweet Orange
拉丁文名：Citrus Sinensis
（10）柠檬精油
英文名：Lemon
拉丁文名：Citrus Limonum
（11）迷迭香精油
英文名：Rosemary
拉丁文名：Rosmarinus Officinalis
（12）茶树精油
英文名：Tea Tree
拉丁文名：Melaleuca Alternifolia
（13）紫罗兰精油
英文名：Violet
拉丁文名：Viola Adorata
（14）罗勒精油
英文名：Basil
拉丁文名：Ocimum Basilicum
（15）佛手柑精油
英文名：Bergamot
拉丁文名：Citrus Bergamia
（16）胡萝卜子精油
英文名：Carrot Seed
拉丁文名：Daucus Carota
（17）雪松精油
英文名：Cedarwood
拉丁文名：Cedrus Atlantica
（18）桂花精油
英文名：Osmanthus
拉丁文名：Osmanthus Fragrons Lour

迷迭香精油爽肤水

材料：迷迭香精油15滴，蒸馏水100毫升，苹果醋4匙。

轻松DIY

1 将苹果醋与蒸馏水混合，搅拌均匀。
2 将溶液装入喷壶中，滴入迷迭香精油。
3 盖上盖子，摇晃瓶子，使迷迭香精油在溶液中混合均匀。

使用方法：

（1）洁面后，将迷迭香精油爽肤水拍在脸上。

（2）完全吸收后涂上面霜。

适用肤质：

油性、混合性皮肤。

美丽功效：

可深层清洁肌肤，使肌肤油水平衡；有效收缩毛孔，预防皱纹产生。

护肤小提示

将2滴迷迭香精油混入10毫升沐浴乳中调匀，洗个舒爽的花洒浴，可有效滋润皮肤。

知识补给站

各种精油的英文名和拉丁文名（三）

（19）肉桂精油
英文名：Cinnamon
拉丁文名：Cinnamomum Zeylanicum
（20）香茅精油
英文名：Citronella
拉丁文名：Cymbopogon Citrates
（21）鼠尾草精油
英文名：Sage
拉丁文名：Salvia Sclarea
（22）丁香精油
英文名：Clove
拉丁文名：Eugenia Caryophyllata
（23）丝柏精油
英文名：Cypress
拉丁文名：Cupressya Sempervirens
（24）茴香精油
英文名：Fennel
拉丁文名：Foeniculum Vulgare
（25）乳香精油
英文名：Frankincense
拉丁文名：Boswellia Carterii
（26）葡萄柚精油
英文名：Grapefruit
拉丁文名：Citrus Paradise
（27）莱姆精油
英文名：Lime
拉丁文名：Citrus Limonum
（28）没药精油
英文名：Myrrh
拉丁文名：Commiphora Myrrha
（29）橙花精油
英文名：Neroli
拉丁文名：Citrusaurantium Var.amara
（30）肉豆蔻精油
英文名：Nutmeg
拉丁文名：Myristica Fragrans

柠檬精油爽肤水

材料：柠檬精油15滴，蒸馏水100毫升，苹果醋4匙。

轻松DIY

1 将苹果醋与蒸馏水混合，搅拌均匀。
2 将溶液装入喷壶中，滴入柠檬精油。
3 盖上盖子，摇晃瓶子，使精油在溶液中混合均匀。

使用方法：

（1）洁面后，将柠檬精油爽肤水拍在脸上。
（2）完全吸收后涂上面霜。

适用肤质：

除敏感性皮肤外的任何肤质。

美丽功效：

可有效控制油脂分泌，深层滋润肌肤，使肌肤清爽、亮洁。

知识补给站

各种精油的英文名和拉丁文名（四）

（31）广藿香精油
英文名：Patchouli
拉丁文名：Pogpstemon Patchouli
（32）檀香精油
英文名：Sandalwood
拉丁文名：Santalum Album
（33）百合精油
英文名：Lily
拉丁文名：Lilium.Spp
（34）柚子精油
英文名：Marjoram Sweet
拉丁文名：Citrus Junos
（35）依兰精油
英文名：Ylang-Ylang
拉丁文名：Cananga Odorata

荟萃经典

白葡萄酒爽肤水

材料：白葡萄酒500毫升，明矾1匙，蜂蜜1匙。

护肤小提示

大块儿明矾要先敲成小块儿后再溶入酒中。

轻松DIY

1 在白葡萄酒中加入明矾搅拌，直至完全溶解为止。
2 明矾完全溶解后放入蜂蜜，再充分搅拌，直至各种材料均匀混合。
3 装入有盖子的玻璃瓶里，放进冰箱内保存。

使用方法：

（1）洁面后，用化妆棉蘸取少量涂在面部即可。

（2）完全吸收后再涂上面霜。

适用肤质：

除敏感性皮肤外的任何肤质。

美丽功效：

葡萄酒具有较强的保湿效果及收敛作用，能够使粗糙的肌肤变得湿润亮泽，细腻白皙。

知识补给站

卧室保湿法则

（1）如果卧室过于干燥，临睡前要涂抹具有保湿功效的眼霜、唇霜和面霜，以避免脆弱的肌肤因干燥而产生细纹。

（2）为了保持卧室空气中的湿度，避免肌肤过度干燥，需要购置一台小型的加湿器，根据室内湿度调节到适合的数值。

蜜醋爽肤水

材料：有机苹果醋或鲜榨柠檬汁1匙，蜂蜜1匙，清水1/3杯。

轻松DIY

将上述材料混合，搅拌均匀，倒入喷壶中。

使用方法：

（1）洁面后，用化妆棉蘸取少量涂在面部即可。

（2）完全吸收后再涂上面霜。

适用肤质：

任何肤质。

美丽功效：

含强酸性成分，具有抗菌杀菌、增强肌肤抵抗力、延缓肌肤老化的作用。

护肤小提示

置于冰箱中可存用1周。

第四节 面霜

揽镜自照，您是否真切地感觉到自己的面部肌肤在发生着变化：皮肤变得黯淡、干燥、光泽减退，甚至出现小细纹……那么，此时您的肌肤正处于向成熟期的转变过程中。如何在这场转变中保持最佳状态、让青春长驻？仅仅彻底清洁肌肤，或者使用各种爽肤水，都是远远不够的，还应该涂上一层面霜，使肌肤得到全面的滋养和保护。

面霜分类

面霜作为不可替代的护肤品，深受女性青睐。人们对面霜赋予各种功能，希望它可以让女性保持长久的美丽。具体分类有以下几种：

1 按结构

分类

面部护肤用品主要成分是油脂类和水，其次是保湿剂。无论霜膏或乳液，按油性的大小均可分为以下五类：冷霜，中性霜，弱油性乳液和膏霜，无水、无油性产品，水性胶液和化妆水。

在以上产品中，前三类为乳化后制成的膏霜或乳液，后两类则属于非乳化产品。一般乳化后的产品，油相对比例高时则称为“油包水”（W／O）型的乳化液，通常冷霜属于油性成分较多的膏霜，为“油包水”型；中性霜中油与水的相对含量较平衡，适应性强，如珍珠霜；水相对比例高时形成“水包油”（O／W）型的乳化液，弱油性乳液和膏霜属于“水包油”型，如润肤液、雪花膏等。

使用

按此种分类采用美容用品护肤时，一般应针对皮肤的特性来选择：

干性皮肤的毛孔较细密，皮肤易干燥且有小皱纹。护肤品应选用“油包水”型的冷霜，涂搽后，可在皮肤表面形成一层油性薄膜，对皮肤有较好的保湿、柔软和滋润的作用。

油性皮肤的表面较粗糙，毛孔较明显，易生痤疮。选用营养和滋润类的护肤品或“水包油”型的润肤霜，对皮肤均有很好的润泽和保湿的作用。

中性皮肤面部较光滑、细腻，受季节影响不大。通常选用“水包油”型的雪花膏类护肤用品，可在皮肤表面形成一层隔离膜，使皮肤与外界空气隔离，限制表皮水分的过量散发，以调节和保护角质层，使之含适量的水分，对皮肤的柔软、弹性和健康起重要作用。

混合性皮肤的结构比较复杂，有时受季节变化或一天中某个时刻的影响，会发生皮肤性质的区域性转化。这种类型的皮肤选用护肤用品时，应考虑适应性强、刺激性小的中性霜。

2 按功能

分类

对肌肤的呵护需要昼夜有别，因此按功能面霜又可分两大类：日霜和晚霜。

白天，皮肤容易受到强烈阳光、污浊空气、不干净的接触物和逐渐变质的彩妆的侵蚀，而日霜除有修护、保湿、抗皱、美白等功效之外，最大特色还在于可以防御环境对肌肤的伤害。

夜晚，皮肤细胞生长和修复比较旺盛，对滋养物质的吸收率很高，这时候最需要的是滋养肌肤，加速细胞的新陈代谢，而晚霜最大功劳就是滋养、修护，因此肌肤将变得更加柔软、细腻。

使用

日霜和晚霜都应在彻底洁肤之后进行。日霜要用在爽肤水之后，先点涂在额头、面颊、鼻尖及下巴，然后用中指及无名指轻轻打圈涂搽在嘴唇周围；脸部由里向外，由下往上，从打圈或直线方式均匀涂抹；额头则可用双手手掌进行提拉涂抹。

晚霜可照此方法，也可以用“按压”的方式涂抹，使其更深入皮肤，并避免产生小细纹。此外，如果是油性皮肤，皮肤油脂分泌过多的，要选择清爽型晚霜；如果是混合性皮肤，使用晚霜时一定要避开“T”字区；如果是干性皮肤，要选择干性皮肤专用的滋润晚霜。晚霜还可在洗完澡等皮肤稍干时用，此时肌肤的血液循环好，保养品的吸收效率也更高。

天然美容自制配方

洁面后若不涂上护肤品，可能会使肌肤更加直接地接触细菌，而面霜不但可以隔离这些“敌人”，而且更能滋养、修复肌肤。现在关于护肤品暴利和著名品牌产品化学成分超标的消息不绝于耳，因此日常生活中，一些爱美又爱健康的女性开始钟情于自制面霜，因为是DIY出来的东西，里面加了些什么自己很清楚，用起来也放心；虽然造价不高，但护肤效果却不次于名牌。

鲜果时光

草莓营养霜

材料：草莓20克，白开水1杯，甘油10毫升。

轻松DIY

1. 将捣烂的草莓倒入1杯开水中浸泡。
2. 数分钟后，用纱布过滤，在汁液中加入甘油。

使用方法：

洁面后，均匀涂搽在面部。

适用肤质：

干性皮肤。

美丽功效：

深度保湿，滋养护理。

蔬菜当道

黄瓜营养霜

材料：新鲜黄瓜1根，甘菊2克，白开水1/4杯，熟大油20克，牛奶20克，橄榄油10克。

护肤小提示

每天早晚2次用鲜黄瓜切成薄片，敷在面部10～20分钟，可使面部皮肤柔嫩润滑。

轻松DIY

1. 新鲜黄瓜洗净切碎榨汁；甘菊洗净在白开水中浸泡。
2. 将鲜黄瓜汁、牛奶及溶化的熟大油混合。
3. 加入甘菊浸液和橄榄油，将各种溶液充分拌匀均匀。

使用方法：

洁面后涂在脸上。

适用肤质：

任何肤质。

美丽功效：

保湿、美白。

花朵芬芳

玫瑰面霜

材料：两大把玫瑰花瓣，50毫升甜杏仁油或橄榄油，5克蜂蜡颗粒或碾碎的蜂蜡，1匙麦芽油。

轻松DIY

1 清晨，采摘新鲜、有香气的玫瑰花瓣。
2 将玫瑰花瓣放入广口玻璃瓶中，并倒入甜杏仁油或橄榄油。
3 将勺子伸入瓶中将花瓣捣碎，开始浸制并密封。
4 将广口瓶放置在每天能受到日光照射的地方（日照能够加快浸制的过程）。
5 3周后，过滤出玫瑰浸油。
6 先将蜂蜡放在装有甜杏仁油的双层锅内，然后加热直至蜂蜡熔化。
7 从火上移开并使蜂蜡稍稍冷却，再倒入麦芽油和玫瑰浸油。
8 再冷却1～2分钟后，倒入经消毒的玻璃广口瓶中，直至完全凝固。
9 瓶内混合物将会凝固，但手触会乳化，易被肌肤吸收。

护肤小提示

在玫瑰花瓣中加入10滴乳香香精油，可以让保湿效果更好。

使用方法：

洁面后涂在脸上。

适用肤质：

除敏感性皮肤外的任何肤质。

美丽功效：

保湿、防衰老。

金盏花面霜

材料：新鲜的金盏花若干，橄榄油或香油适量。

轻松DIY

1 将新鲜的金盏花切碎装入广口玻璃瓶中，加入橄榄油或香油，盖上盖子。
2 广口玻璃瓶放置在阴暗处，每天适当地摇晃瓶子。
3 2周后，用滤布将瓶子里的油过滤到一个干净的瓶子里。

护肤小提示

在里面加入少许维生素E，可以提高滋润效果，并延长保存时间。

使用方法：

洁面后，在面部轻轻涂上薄薄的一层，也可只涂抹在皮肤出现问题的部位。

适用肤质：

任何肤质。

美丽功效：

润肤、保湿，并且能很好地解决痤疮和其他皮肤问题。

精油迷情

檀香精油面霜

材料：檀香精油5滴，薰衣草精油2滴，玫瑰精油1滴，凡士林100毫升。

轻松DIY

在凡士林中加入精油，搅拌均匀。

使用方法：

洁面后，将面霜涂在脸部。

适用肤质：

干性皮肤。

美丽功效：

有效改善干性皮肤，给干燥的肌肤补充水分，并有紧致肌肤的作用。

护肤小提示

将4~5滴的檀香精油滴入浴缸中泡澡，可以滋润肌肤，防止皮肤瘙痒。

第五节 面膜

想让肌肤永远保持最佳状态，需要定期做特别护理，而面膜在众多的护肤产品中是最能拯救肌肤于危机状态的好帮手，它好似从天而降的伞兵，为饥渴的肌肤带来深层的洁净清爽与美白滋润。

从美容的历史来看，最早的保养方法就是从面膜开始的，传说在我国最早使用面膜的是唐代的杨贵妃。杨贵妃的芳华绝代除了规律的饮食起居和优越的生活条件外，还得益于她经常使用的面膜，据说是用适量珍珠、白玉、人参研磨成细粉，用上等藕粉混合，调和成膏状敷于面部，静待片刻后洗去。现代研究证明，上述成分能有效祛斑增白，去除皱纹，光泽皮肤。今天，面膜已经成为许多女性必备的美容用品，尤其在干燥的秋冬季节，面膜就成了必不可少的美容助理，随时保养、修复娇嫩的面部肌肤。

把湿润的面膜敷在脸上，面膜里的物质就把皮肤紧紧地包裹起来，让皮肤与外界的空气阻隔开，使表面温度升高，加速了皮肤深层的血液循环，有利于把毛孔里沾染的外界灰尘、化学污染物质和微生物清除干净；面膜缓缓地把皮肤适度收紧，增加张力，形成一种良好的刺激，让皮肤舒展开来，得到最大程度的放松；其中的添加物，还可以使面膜增强或增加各式各样的功效：保湿润肤、美白去斑、防皱抗老、防治面疱……

面膜按功能分类

1 深层清洁面膜

含有高黏度成分和控油成分，能够清除老化的表皮细胞、老化的角质层、毛孔内的污垢、多余的油脂、灰尘杂质等，而且具有收敛作用，使肌肤滑爽柔软，亮洁细腻。

2 保湿面膜

含有高度保湿成分，能够滋润皮肤，为角质层补充大量水分及营养，迅速为肌肤提供长效润泽。

3 修护面膜

内含丰富的维生素、矿

物质和从植物中提炼的精华成分，可帮助肌肤维持天然均衡，防止肌肤缺水，软化表皮组织，促进肌肤的新陈代谢，对肌肤起到修护作用。适合各类型肌肤，特别是干性或缺水性肌肤。

4 美白面膜

含有清洁、美白、防晒因子，能彻底清除死皮细胞，防御紫外线侵袭，使皮肤白皙透明、富有光泽。

5 光彩面膜

含有果酸、水杨酸等成分，能快速清理老死细胞，并为肌肤提供养分，活化细胞组织，保持肌肤滋润，焕发光彩。

6 紧肤面膜

含胶原蛋白及弹力蛋白等高效紧肤成分，可在肌肤上形成一层薄薄的膜，绷紧原本松弛的脸颊，有效展开面部皱纹，使肌肤恢复明亮细致，饱满有弹性。

7 舒缓面膜

含大量植物精华，渗透性好，滋润度高，能帮助肌肤彻底放松，缓解因突然性的紧张或气候变化带来的肌肤干燥、暗沉现象。

面膜按形式分类

1 剥除型

以深层清洁或去角质类的面膜居多，通过升高表皮温度，促进血液循环和新陈代谢。由于剥除面膜的使用过程需要等到面膜干透才能完成，所以成分中不能添加保湿剂，这对干性皮肤不太适合；另外剥除的动作对敏感性皮肤也不适用。

2 水洗型泥膏型

为肌肤选择含有保湿因子、氨基酸、胶原蛋白等成分的泥膏型面膜，能达到理想的保养效果。涂抹的先后顺序很重要，最好从温度较低的两颊开始涂抹，以使面膜的干燥时间一致。泥膏型面膜还能够有效清洁肌肤，能软化阻塞在毛孔口的硬化皮脂和粉刺，对不适宜用蒸汽的干性皮肤也是很不错的选择，但因产品内含有较高的防腐剂和矿物质，所以敏感性皮肤要谨慎使用。

3 擦拭型乳霜型

擦拭型面膜质地细腻轻盈，具有美白、保湿、舒缓等功效的面膜大多属于此类，只要迅速而均匀地涂擦在面部，保持一段时间后用面纸擦拭除去即可。此类面膜的保养效果接近晚霜，比较适合敏感性皮肤。

4 棉布型

棉布型面膜就是将调配好的高浓度精华液吸附在棉布上，敷到脸上即可，是改变脸色的救急法宝，比其他类的面膜更方便、迅速、有效。它的优势在于成分易于控制且可添加多种养分，大大提高有效护肤成分的渗透量及渗透深度，既可迅速地提高肌肤的含水量，又避免了清洗和防腐剂等问题。

5 凝胶型

凝胶型面膜最大优势在于只需敷在脸上，不用洗掉或擦掉，现在很多强调活力醒肤、紧实、保湿的面膜，都属于此类。涂抹凝胶型面膜的厚度以盖住毛孔为适宜，这样面膜的作用才能更好地发挥。这类面膜分为透明及不透明两种：透明的凝胶型保养面膜加入了水溶性的护肤成分，比较适合油性皮肤；不透明的凝胶型面膜可以加入的成分更多，干性肤质也可以使用。

使用自制面膜的注意事项

自制面膜可针对个人的保养需求，适当添加营养及其他成分，能达到护肤最佳效果，但如果使用不当，反而可能伤害肌肤，在这里我们提醒您注意以下几点：

1 过敏测试

使用面膜前，最好先做过敏试验。将少许面膜敷料涂抹在手背上，30分钟后洗去，若涂抹处无发红、刺痒反应，方可抹在脸上。

2 卸妆洗脸

涂面膜前，应先卸妆、洗脸，避免污垢、灰尘进入毛孔，必要时也可先去角质，以利面膜的吸收。

3 面部按摩

洗完脸，可先以热毛巾湿敷在面部3分钟，然后在面部各处按摩3~5分钟，增加吸收的效果。

4 处理边缘

涂面膜前，需先在眼、眉毛、发际、唇边缘处抹上一些油脂，以免面膜黏附在这些部位，不好清理。

5 涂抹顺序

涂面膜的顺序，应从颈部、下颌、两颊、鼻、唇、额头，由下往上涂抹。

6 避开眼唇

眼睛周围、眉毛、上下唇部位的肌肤更加娇嫩，不宜涂面膜，以免受到过度刺激。

7 保持时间

面膜涂敷约20分钟后，可用手指轻触，若不觉沾手，即可从薄膜边缘开始，自下而上缓慢揭去。一般而言，面膜干燥后会带走肌肤

本身的水分，使皮肤紧缩，出现皱纹，所以面膜一干燥就要立刻去掉，切勿长时间停留在皮肤上或过夜。

8 再次洗脸

除去面膜后，应用干净温水再次将面部残留物洗净，然后用凉毛巾敷面，以促使毛孔收缩，最后涂上润肤品。

9 使用间隔

原则上，面膜每月使用2~3次即可，但面部有痤疮、黄褐斑、老年斑的人，则可每周使用1~2次，以增强效果。

10 现用现做

自制天然面膜丧失水分后容易变硬，也易受污染、滋生细菌，因此每次不要制作太多，最好现用现做。

天然面膜自制配方

使用面膜确实是一种快速给肌肤补水的最佳途径，但市场上销售的各种品牌面膜不但价格昂贵，更含有很多不利皮肤保养的化学成分，所以我们在此向各位爱美的美眉们推荐以下几款自制面膜，虽然制作过程可能比直接购买麻烦些，但它材料简单，而且绝对天然，能给您的肌肤更好的呵护。

鲜果时光

冰镇苹果面膜

材料：苹果1个。

轻松DIY

1. 把苹果洗净，切块，榨汁。
2. 将苹果汁放入冰箱中冷藏20分钟。

使用方法：

（1）用化妆棉蘸苹果汁敷在油脂分泌旺盛的部位，如“T”字区、鼻翼、下巴等处。

（2）10分钟后洗净。

适用肤质：

油性皮肤。

美丽功效：

冰镇后的苹果汁不但能吸走脸上多余的油脂，而且更具收缩毛孔的效果。

知识补给站

“外油内干”者护肤攻略

显著特征：两颊较干燥，“T”字区毛孔粗大，满面油光却时常掉皮，若使用控油产品则症状加重。

护肤攻略：

（1）双重洁面。第一遍用温水湿面，选用柔和的洁面水清洁整个面部；第二遍重点洗“T”字区。

（2）收缩毛孔。洁面后立即使用爽肤水，既能收缩毛孔，又可以给皮肤补充水分，还有抑制油脂分泌、消炎等作用。

（3）补水保湿。拍完爽肤水后，选择水乳状或乳状的润肤露，及时为肌肤补充水分。“T”字区要涂得薄，可避免油腻；两颊可适当增加涂抹量，可长效保湿。

（4）改善油光。待润肤露在面部停留几分钟以后，可以用面巾纸轻按面部，吸去多余乳液，能改善油光现象。

（5）底妆、定妆、卸妆。如果需要化妆，则要先上底妆，先从最干燥的两颊涂抹，底妆不能太湿，否则可能很快脱落；化完妆还要上定妆粉，从额头和鼻头开始，向整个面部均匀散开，定妆粉越薄越好；卸妆时要用专门的卸妆乳液，手法要轻，否则将加重面部粗糙。

（6）锁住水分。卸妆、洁面、涂完晚霜之后，立即用干净且干燥的双手轻轻捂在两颊上，帮助肌肤迅速生成油脂膜，锁住水分。

苹果鸡蛋面膜

材料：苹果半个，鸡蛋1个，蜂蜜2匙，橄榄油1匙，面粉5克。

轻松DIY

1 把苹果去皮去核，切块洗净，放在碗中捣成泥状（也可以用搅拌器磨碎或用果汁机打成汁后，取剩下的残渣）。

2 在苹果泥中加入鸡蛋、蜂蜜、橄榄油和面粉，并均匀搅拌，直至成糊状。

使用方法：

（1）洁面后涂于脸上，敷10～15分钟。

（2）用清水洗净即可。

适用肤质：

油性皮肤。

美丽功效：

苹果含有丰富的有机酸，可促进肌肤的新陈代谢，活化肌肤细胞，改善肤质；蜂蜜和橄榄油有滋润肌肤的功效。用此面膜敷脸，可以清除深层污垢，滋养、修复组织细胞，加强肌肤抗氧化能力，让肌肤饱满而有光泽，并且有光滑、柔嫩的触感。

知识补给站

“外油内干”者护肤攻略

第1名——西红柿

西红柿维生素C含量高，抗氧化能力强；还含有丰富的番茄红素，而番茄红素的抗氧化能力是维生素C的20倍。虽然经烹调或加工过的西红柿（番茄酱、西红柿汁、罐装西红柿）所含的维生素C会遭到破坏，但是番茄红素的含量却增加数倍，因而抗氧化能力也更加超乎寻常。

第2名——葡萄

葡萄籽中含有花青配糖体，其抗氧化能力是维生素C的20倍、维生素E的50倍。用葡萄酿成的红酒经过发酵，其抗氧化能力更能得以提高。因此，在吃葡萄的同时，最好将子嚼碎咽下，再适量饮用些红酒，能减少皱纹的出现，延缓衰老。

第3名——绿茶

绿茶含有大量的儿茶素及大量抗氧化的维生素（维生素E、维生素C）和胡萝卜素，其抗氧化能力是单纯维生素E的20倍，同时它还具有去油解腻、清新口气的功能。

第4名——鲑鱼

鲑鱼是抗氧化食物排行榜中唯一的肉类。一般家禽或家畜的肉类，因其中ω-6多元不饱和脂肪酸的含量较高，影响抗氧化功效；而鲑鱼中含有超量的ω-3多元不饱和脂肪酸，因此多摄取ω-3多元不饱和脂肪酸，可以平衡身体里两种不饱和脂肪酸的比例，有超强的抗氧化功效。野生鲑鱼的抗氧化能力比养殖的鲑鱼更强。

第5名——坚果

富含维生素E的坚果类食物（腰果、核桃、榛子、花生等）除了具有抗氧化功能之外，还可以修护肌肤组织。不过，坚果类食物含有高油脂，如果摄取过多，大量的氧化反应会降低维生素E的抗氧化作用，还有致胖的危害。因此，一定要适量食用，否则适得其反。

第6名——菜花

外形美观的菜花除了富含维生素A、维生素C之外，几乎集所有抗氧化物于一身，因此，它的抗氧化性能更加优良。

第7名——蓝莓

莓类富含β—胡萝卜素以及维生素C，而这两种成分是抗氧化物里最为医学界肯定的物质。

第8名——大蒜

大蒜所含有的硫化物具有抗氧化还原及排毒作用，不但可有效降低体内胆固醇，还可预防高血压及心血管疾病。

第9名——菠菜

菠菜富含β—胡萝卜素和维生素C，还含有铁、钾、镁等多种矿物质及叶酸，能有效降低血压，减少心血管疾病发生的概率。

第10名——燕麦

燕麦富含蛋白质、钙、维生素B_1、维生素B_2等成分，是此排行榜中唯一荣登十佳的五谷杂粮。每日摄取适量的燕麦能加速人体新陈代谢，加速氨基酸的合成，促进细胞更新。

白梨乳酪面膜

材料：白梨1个，乳酪半片。

轻松DIY

1 将白梨洗净，捣成泥，放入冰箱冷藏。
2 在白梨泥中加入乳酪搅拌成糊。

使用方法：

（1）将混合物均匀地敷到脸上。

（2）15分钟后用清水洗净。

适用肤质：

油性皮肤及中性皮肤。

美丽功效：

白梨含维生素C，有深层清洁及平衡油脂分泌的作用；乳酪比普通牛奶含有更高的蛋白质、钙、磷和铁等，可增加肌肤的柔软度。

知识补给站

各种水果的护肤妙用

润泽肌肤——草莓、奇异果、柠檬、番石榴、苹果、木瓜、芒果。

净白润肤——樱桃、柠檬、苹果、酪梨、荔枝。

排毒整肠——香蕉、苹果、菠萝。

促进代谢——葡萄、奇异果、柠檬、橘子、葡萄柚、苹果、菠萝。

酪梨香蕉酸奶面膜

材料：酪梨1/4个，香蕉1/2根，酸奶1匙。

轻松DIY

1 把酪梨洗净，去皮，切块。
2 把香蕉去皮，切块。
3 把酪梨和香蕉加入搅拌机搅碎。
4 加入酸奶搅成糊状。

使用方法：

（1）洗脸后，将面膜敷在润湿的面部。

（2）按摩5分钟，促进血液循环。

（3）按摩后，将面膜纸敷在脸上。

（4）10分钟后洗净，再涂上保湿霜。

（5）建议每周1次。

适用肤质：

任何肤质。

美丽功效：

酪梨中的油酸具有很好的保湿作用；香蕉富含维生素A、B族维生素、维生素C和维生素E，营养丰富且抗氧化；酸奶中的乳酸能促进细胞新陈代谢，使肌肤光彩照人。

护肤小提示

（1）用蜜桃代替香蕉，同样能滋润干燥肌肤。

（2）香蕉剥皮后会氧化变黑，养分易流失，因此制作面膜的时间不宜太久。

蜜桃面膜

材料：蜜桃1个，橄榄油3匙。

轻松DIY

1 把蜜桃洗净，去皮，切块。
2 把蜜桃块放入搅拌机搅碎。
3 加入橄榄油搅拌成糊状。

使用方法：

（1）洗净脸，把面膜均匀敷在脸上。

（2）20分钟后洗净。

适用肤质：

干性皮肤。

美丽功效：

蜜桃中水、蛋白质、脂肪含量丰富，做成面膜能达到深层滋润的效果。

知识补给站

干性皮肤秋冬护理

1. 每天只用一次洁面乳

由于干性皮肤特别缺水，容易因干燥而脱皮，因此洁面乳不宜多用，每天晚上用一次就好，早上起床只用温水洗脸便可。

2. 拍上滋润型爽肤水
洗脸后可拍上滋润型爽肤水以减少紧绷感，更为肌肤添加了一层保护膜。
3. 肌肤湿润时涂日、晚霜
趁肌肤仍稍湿润时，可涂上具保湿及高滋润性的乳霜，以锁住肌肤中的水分及增加光泽感，如果等到脸完全干透再涂，则护肤品保湿效果降低。但是也没必要涂超量的乳霜，否则会闭塞毛孔，使肌肤出现暗疮。
4. 使用含UV指数的日霜
别小看秋冬的阳光，为避免被紫外线直接侵害，使肌肤更干燥，外出时有必要涂SPF15以上的防晒霜。如果不想浪费夏天的护肤品，可将夏天用的含有防晒成分的日霜当防晒霜用。
5. 勤敷水分面膜
秋冬季节，天气干燥，肌肤水分容易流失，日霜、晚霜未必能深层滋润，所以最好每周做一次保湿面膜以滋养肌肤。

桃子蛋清面膜

材料：熟桃子1个，蛋清1个。

轻松DIY

1 将桃子洗净，去皮，去核，切块。
2 把桃子和蛋清一起放入搅拌器中搅匀。

使用方法：

（1）把混合物轻敷在面部。
（2）30分钟后，用冷水冲洗干净。

适用肤质：

任何肤质。

美丽功效：

营养丰富的桃子配上具有收敛效果的蛋清能在补水、补营养的同时，有效紧致肌肤。

知识补给站

紧致肌肤妙法

1. 推除脸颊的赘肉
涂上按摩霜之后，手指聚拢在颊骨的部位按住赘肉，手指散开并向外推压赘肉，然后慢慢向斜下移，到鼻翼为止。每次动作5秒，持续进行1分钟。
2. 伸展鼻唇沟的皱纹
双手贴在脸颊上，压住鼻唇沟（面部“危险三角”的两条边），手掌由内向外横推，至耳根为止，约3秒，反复进行1分钟。
3. 托高脸颊的赘肉
涂上按摩霜后，大拇指指腹朝向内侧，轻轻摩擦肌肤，并由颊骨部分往上托推。动作要缓慢，持续1分钟。
4. 以指尖拍打颊骨
最后沿着眼眶，以指尖拍打颊骨，进行到太阳穴时会觉得精神舒畅。按摩后以爽肤水或营养乳液涂抹均匀即可。

木瓜桃子柠檬面膜

材料：熟透的木瓜1/2个，熟透的桃子1/4个，柠檬1/8个。

轻松DIY

1 将木瓜、桃子分别去皮、去核，放在一起捣成泥；柠檬榨汁。

2 将三者混合搅拌均匀。

使用方法：

（1）用热水蒸面5分钟，打开毛孔。

（2）将水果泥均匀涂于面部。

（3）10分钟后洗净即可。

适用肤质：

除敏感性皮肤外的任何肤质。

美丽功效：

木瓜含有活性酶，可去除坏死细胞；桃子中富含维生素A、维生素C，滋润保湿；柠檬中高含量的天然酶，有醒肤焕颜作用。

护肤小提示

（1）面膜涂抹在脸上后，以湿的热毛巾或用面膜纸盖上，可以帮助吸收。

（2）食用木瓜炖奶酪，也是美白肌肤的好方法。

知识补给站

木瓜的功效

木瓜是有名的美容水果，每100克木瓜含1373焦热量，蛋白质21.6克，脂肪9.3克，膳食纤维6.4克，钙240.5毫克，铁2.2毫克，锌1.4毫克，维生素C263.6毫克。它除了能抗氧化和促进肌肤的正常代谢外，还可以迅速地淡化斑点，白嫩肌肤，并有丰胸功效。用木瓜肉来敷脸，可以让肌肤获得白嫩的色泽和光滑的手感，但是要坚持几次才可见效。

木瓜面膜

材料：木瓜1个，牛奶2汤匙，蜂蜜2汤匙。

轻松DIY

1 把木瓜果肉用汤匙挖出，放在碗中，捣成泥状。

2 慢慢加入牛奶和蜂蜜，并均匀搅拌，直至成糊状。

使用方法：

（1）洗完脸后，涂于面部。

（2）10～15分钟后，用清水洗净即可。

适用肤质：

任何肤质。

美丽功效：

木瓜含有珍贵的天然木瓜酵素，可以深度清除躲藏在毛孔内的污垢，同时收缩毛孔；还可以帮助溶解毛孔中堆积的皮脂及老化角质，让肌肤显得更亮滑清爽。木瓜的B族维生素还能修复疲倦的肌肤，使其充满活力。

护肤小提示

（1）将木瓜切成细丝后均匀地敷于面部，适用于松弛的油性皮肤。

（2）按1:1的比例将捣烂的木瓜浸泡于水中，存放7～10天后滤去渣滓，用纱布蘸着在脸上涂抹，对皮肤保养很有效。

知识补给站

护肤的“海绵原理”

清洁和滋养肌肤的共同目的是为了达到水油平衡，而要实现水油平衡，关键是要在清洁肌肤的同时滋养肌肤。我们用海绵做个实验：将墨水分别滴在一干一湿两块海绵上，可以清楚地看到，湿海绵上的墨水迅速扩散被吸收，而干海绵上的墨水吸收缓慢，滞留在表面上。同理，如果肌肤表面在清洁过程中进行了美白、滋润、控油和抗老化等特别调理，那么肌肤表皮细胞就会处于饱满状态，有效护肤成分可以迅速渗透到肌肤底层，被充分吸收，美丽将从肌肤底层轻盈绽放。这就是洁肤、润肤的“海绵原理”。

香蕉面膜

材料：香蕉1根。

轻松DIY

香蕉去皮，捣烂成糊状。

使用方法：

（1）将香蕉糊均匀敷在面部。

（2）15～20分钟后洗去。

适用肤质：

干性皮肤。

美丽功效：

可使面部肌肤细嫩、清爽。

护肤小提示

（1）香蕉对手、足、皮肤皲裂十分有效，令肌肤光滑细嫩。

（2）注意不要使用因挤压或受冻而发黑的香蕉，这样的香蕉成分已发生了变化。

（3）香蕉皮中含有杀菌成分，如果皮肤因感染而发炎，不妨把香蕉皮敷在上面，会有意想不到的效果。

香蕉牛奶面膜

材料：香蕉1根，牛奶适量。

轻松DIY

1 香蕉去皮后，捣成泥状。
2 加入牛奶后搅拌均匀。

使用方法：

（1）敷在脸上5~10分钟。

（2）用清水洗净即可。

适用肤质：

任何肤质，特别适合干性皮肤。

美丽功效：

香蕉具有天然的果酸，有保湿润泽的美肤功效，再加上牛奶的调和，更有不错的保湿效果。

知识补给站

空调办公室保湿法则

1. 喝下8杯水
每天要喝大量的水，8杯为宜。尽可能用吸管喝水，不但可以避免破坏护唇膏，还可避免嘴角皱纹的形成。

2. 吃1个苹果
下午可以吃1个苹果或喝1杯果汁，补充营养、滋润肌肤、振奋精神。

3. 桌上放1杯水
在冷空气房内，记得在桌上放置1杯水，它能有效补充室内空气中的水分。

4. 减小室内外温差
如果空调温度可以自由调节，要将它控制在26℃，尽量减小室内外温差，减轻对肌肤的刺激。

5. 备1瓶喷雾水
准备1瓶喷雾水，随时往脸上喷洒。但是在喷雾之前，请记得先用面纸把脸上的油脂吸干净。

6. 备1根保湿棒
有1根保湿棒，能方便补妆，同时能加强眼、唇的防皱效果。

7. 例行保养重保湿
每日早晚例行的皮肤保养工作中，依据个人肤质的保湿品是绝对不能少的，尽可能使用无油却有保湿效果的防晒隔离霜。

8. 定期做保湿面膜
每周做1~2次保湿面膜，同时要加强眼部周围的保湿护理。

香蕉牛油果面膜

材料： 香蕉1/2根，牛油果1个，纯净水少许。

轻松DIY

1 将香蕉及牛油果一同捣烂至糊状。
2 加入纯净水，搅拌均匀。

使用方法：

（1）敷在脸上15分钟。

（2）用温水洗净。

适用肤质：

任何肤质，特别适合干性皮肤。

美丽功效：

牛油果含有丰富的甘油酸、蛋白质及维生素，润而不腻，是天然的抗氧化剂。此面膜配以营养丰富的香蕉，不但能软化和滋润肌肤，而且更能收缩毛孔，延缓衰老。

橘子面膜

材料： 橘子3个，医用酒精100毫升，蜂蜜少许。

轻松DIY

1 橘子连皮捣烂，浸入酒精内。
2 加入蜂蜜，放置 1 周。

使用方法：

（1）取适量涂面，盖上面膜纸。

（2）20分钟后洗去。

适用肤质：

除敏感性皮肤外的任何肤质。

美丽功效：

收缩毛孔，平滑肌肤，去除皱纹，增加弹性。

葡萄面膜

材料：青葡萄10颗。

轻松DIY

1 将葡萄放入冰箱冷藏20分钟。
2 将冷藏的葡萄捣烂。

使用方法：

（1）将葡萄糊直接敷在脸上。

（2）10分钟后清洗。

适用肤质：

任何肤质。

美丽功效：

葡萄具抗氧化功效，能净化肌肤，软化肤质，增加弹性和光泽。

知识补给站

葡萄多酚的多重功效

葡萄果肉中包含了新陈代谢不可缺少的水溶性B族维生素、糖分；在其种子、果肉、果皮和果柄中含有的葡萄多酚内散布着钾、钙、磷、镁等矿物质。它的抗氧化能力要比维生素C、维生素E、银杏叶、β—胡萝卜素和绿茶高出数十倍。

葡萄多酚其实并不是单一营养成分，而是葡萄梗、籽、皮中多种成分组合起来的复合分子，其中包含黄酮、单宁、香豆酸、儿茶素、寡六苯前花色素等，具有强化和促进血液循环，保护肌肤的胶原蛋白与弹性纤维，防止紫外线对肌肤的伤害，保护并增强肌肤组织抵抗力等多项功能，能够改善因生成自由基而导致的干燥、斑点、皱纹、松弛、粗糙、敏感等肌肤老化问题，令保湿、美白、抗皱、抗老化同步完成，恢复活力肌肤的健康光泽。

葡萄多酚在葡萄子中的含量最高（65%～70%），葡萄皮和果柄次之（25%～30%）。虽然其他植物也含有丰富的黄酮（如柳橙）、儿茶素（如绿茶）、单宁（如茶叶）、OPC（如草莓、苹果、麦类），但葡萄多酚是这些成分之集大成者，所以具有多重功效。

柠檬面膜

材料： 柠檬1个，面粉3匙，纯净水适量。

轻松DIY

1 将鲜柠檬榨汁，加入一倍的纯净水。
2 加入面粉，调成面糊状。

使用方法：

（1）将柠檬面膜敷在脸上。
（2）15～20分钟后洗净。
（3）每天1次，连用7天。

适用肤质：

任何肤质。

美丽功效：

此面膜具有收敛作用，可使肌肤清爽、润滑、细嫩，长期坚持还能延缓肌肤衰老。

护肤小提示

将一个鲜柠檬切片直接贴于面部15～20分钟取下，洗净面部，也有上述功效，但此法不适于敏感性皮肤。

知识补给站

能延缓肌肤衰老的食物

（1）高蛋白食物。如瘦肉、蛋类、奶类、鱼类及大豆制品等，可防止肌肤松弛，对延缓肌肤衰老有良好作用。
（2）含维生素E丰富的食物。如植物油、芝麻、核桃等，可使粗糙的肌肤恢复光滑，富有弹性。
（3）富含大分子胶体蛋白的食物。如猪蹄及猪皮等，可使松弛干燥的肌肤变得柔软湿润。
（4）富含维生素和矿物质的食物。如萝卜、西红柿、大白菜等绿叶蔬菜及苹果、柑橘、西瓜、红枣等瓜果。这些食物可增加肌肤弹性，是延缓肌肤衰老必不可少的食物。

柠檬柑橘面膜

材料： 柠檬1/4个，柑橘1个，脱脂牛奶1/4杯，蛋清适量。

轻松DIY

1 蛋清搅拌均匀。
2 柑橘和柠檬分别洗净，榨汁。
3 在蛋清中加入柠檬汁、柑橘汁和脱脂牛奶，然后充分搅拌即成。

使用方法：

（1）洗脸后，均匀涂在脸上。

（2）10分钟后，用温水清洗干净。

适用肤质：

任何肤质。

美丽功效：

柠檬内特有的枸橼酸和柠檬醋汁，有延缓肌肤衰老的作用；柑橘、柠檬含维生素C，有美白肌肤的效果；橘皮和柠檬皮的精油还有保湿、激活肌肤的功效；蛋清有紧肤作用，三者调和之后可以让肌肤净白有活力，还可收缩毛孔，去除角质。

护肤小提示

柠檬汁使用要适量，否则会使肌肤受到过度刺激而产生过敏反应。另外，敷完脸后最好避免阳光照射。

柠檬蛋酒面膜

材料：柠檬半个，鸡蛋1个，脱脂奶粉30克，医用酒精2毫升。

轻松DIY

1 柠檬榨汁。
2 加入鸡蛋、脱脂奶粉、医用酒精搅匀。

使用方法：

（1）均匀涂在脸上。

（2）15分钟后，用温水洗净。

适用肤质：

除敏感性皮肤外的任何肤质。

美丽功效：

保持肌肤洁净、润泽。

护肤小提示

因为含酒精，使用此面膜后肌肤会有干涩感，所以洗净后还要涂护肤品滋润肌肤。

知识补给站

补水对不同肌肤的意义

1. 成熟肌肤
水分充足可使进入成熟期、新陈代谢趋缓且开始老化的细胞润泽饱满，使肌肤恢复紧密柔滑，并且延缓老化和皱纹产生。

2. 痤疮肌肤
补水利于抵抗外来刺激，调节人体内的激素分泌并使其保持正常状态，控制痤疮发生。

3. 敏感肌肤
保持肌肤细胞内有足够水分，能防止肌肤暗沉，失去光泽。

4. 粗糙肌肤
长时间的保湿可使皮下脂肪呈“半液态”，有效改善毛孔粗大现象，使肌肤润泽细腻，柔软有弹性。

橙籽面膜

材料：橙籽2匙，蒸馏水50毫升。

轻松DIY

1 将橙籽研成粉末。
2 掺入蒸馏水制成糊状面膜。

使用方法：

（1）均匀敷在脸上，20分钟后洗净。
（2）每周敷1～2次。

适用肤质：

除敏感性皮肤外的任何肤质。

美丽功效：

能提高肌肤毛细血管的抵抗力，达到紧致肌肤的目的。

护肤小提示

肌肤敏感的人敷此面膜前可先做肌肤测试，将自制面膜涂于耳后，5～10分钟后洗净，若没有不适感便可安心使用。

知识补给站

保湿品分类

1. 保湿乳液/霜
这是一年四季、每日早晚的必修课。大部分品牌都准备了轻盈的乳液和滋润的乳霜产品供不同肌肤在不同季节选用。
2. 保湿精华素
此类产品蕴含保湿系列最珍贵的成分和最核心的技术，有立竿见影的滋润效果，是物超所值的重点保湿首选。
3. 保湿面膜
集中供给水分的“急救站”，可快速输送水分，短时间让肤质有明显改善。可做定期护理品，并且适合旅途及长时间疲惫后缓解压力使用。

草莓牛奶面膜

材料：草莓50克，牛奶100毫升。

轻松DIY

1 将草莓捣碎，以双层纱布过滤，将汁液混入牛奶中。
2 将草莓汁和牛奶搅拌均匀。

使用方法：

（1）将草莓奶液涂于肌肤上，并加以按摩。

（2）15分钟后以清水清洗干净。

适用肤质：

任何肤质。

美丽功效：

草莓本身有消毒和收敛的作用，能改善皮脂分泌旺盛的油性肤质，减轻痤疮症状，配以营养丰富的牛奶，能滋润、清洁肌肤，更具温和的收敛作用及防皱功效。

树莓酸奶面膜

材料：树莓75克，原味酸奶2匙，甜橙精油3滴。

轻松DIY

1 将树莓捣碎，用筛网将果汁过滤至碗中，保留果肉和种子。
2 将果肉和种子加入酸奶中并搅拌均匀。
3 加入3滴甜橙精油并再次搅拌均匀。

使用方法：

（1）洁面并将制作好的面膜涂抹在面部，避开眼部和嘴唇周围。

（2）保持15分钟，然后用温水浸湿的化妆棉轻轻擦掉。

（3）洗净残渣，并拍干水分。

适用肤质：

任何肤质。

美丽功效：

树莓可去角质，而酸奶中的乳酸则具有使肌肤亮泽的功效。

知识补给站

如何选择合适的化妆棉

化妆棉按质地可分为脱脂棉和无纺布。脱脂棉较厚实，触感柔细，吸水力较弱，适合用来卸妆，反复擦拭彩妆也不会刺激肌肤而造成不适。无纺布相对较薄，触感较粗，但由于吸水力强，所以适合用来拍爽肤水，用量少而效果好。

菠萝木瓜面膜

材料：新鲜菠萝1个，新鲜木瓜半个，蜂蜜3匙。

轻松DIY

1 菠萝去皮，木瓜去皮去籽。

2 用榨汁机将菠萝和木瓜榨成汁，加入蜂蜜，使其充分混合。

使用方法：

（1）洁肤后将制成的混合物涂在脸上，注意避开眼四周的部位。

（2）最多敷5分钟（若是敏感性皮肤，时间则要更短），用清水洗净。

（3）用保湿霜滋润肌肤。

（4）每周最多用1次。

适用肤质：

除敏感性皮肤外的任何肤质。

美丽功效：

可以有效收敛毛孔，去除角质，柔嫩及紧致肌肤。菠萝中含有能去角质，防止毛孔堵塞的物质；菠萝有独特的水果酵素，可以使肌肤细嫩；木瓜中的酵素一样能去除肌肤表面的老化角质，其果酸成分温和，可使肤质柔嫩。

护肤小提示

（1）第一次使用这种面膜时，要在脸上停留1～2分钟，看看是否对肌肤有伤害。

（2）脸上有痤疮、伤口的肌肤，不适合用菠萝敷脸。

（3）此面膜最好在秋季使用。

提子面膜

材料：鲜提子10颗。

轻松DIY

将提子洗净，连籽捣烂。

使用方法：

（1）连汁一起敷在面上，用手指轻轻按压，以助吸收。

（2）20分钟后以温水洁面。

适用肤质：

任何肤质。

美丽功效：

提子含有丰富的维生素C及维生素E，能有效对抗游离基，并减少肌肤受外来环境的侵袭。提子的皮及籽更有较强的抗氧化作用，经常以提子敷面可延缓肌肤衰老。

知识补给站

抗氧化元素

1. 基础型抗氧化元素：维生素

代表食物：各种维生素含量高的蔬菜、水果。

各种维生素是非常神奇的，像维生素C、维生素E，都对提高肌肤抗氧化能力有很强的效果。在日常饮食中要注意维生素的摄取量及摄取种类，实现饮食的科学化与多样化，就能有效延缓皮肤及身体各器官的衰老进程。

2. 元老型抗氧化元素：抗氧化矿物质

代表食物：菜花、柑橘、草莓、有核的水果（如樱桃、李子）、多种饮品（如茶、红酒）

类黄酮是目前引起美容科学研究界广泛关注的抗氧化物质，它有两千多种，普遍存在于各类植物中，其化学结构具有清除自由基的理想构造，与维生素C、维生素E相比较，有更强的抗氧化活性。另外，矿物质硒也是抗氧化酶的重要成分。

3. 新秀型抗氧化元素：植物性营养素

代表食物：大麦、小麦胚芽、玉米

近年来，植物性营养素也被科学家发现具有很优异的抗氧化功能，例如类黄酮、花青素、番茄红素及玉米黄质等，比较突出的就是类胡萝卜素，如玉米黄质。类胡萝卜素是一种植物色素，通常在人体血液中能与脂蛋白结合，具有很强的抗氧化活性，可防止自由基的破坏。

树莓牛奶面膜

材料：树莓60克，牛奶100毫升。

轻松DIY

1 将树莓捣碎，用筛网将果汁过滤至碗中，保留果肉和种子。

2 将果肉和种子加入牛奶中并搅拌均匀。

使用方法：

（1）洁面并将制作好的树莓奶涂抹在面部，避开眼部和嘴唇周围。

（2）保持15分钟，并加以按摩。

（3）用清水洗净，并拍干水分。

适用肤质：

任何肤质。

美丽功效：

树莓可去角质，配以牛奶则具有使肌肤亮泽的功效。

猕猴桃蛋清面膜

材料：猕猴桃1个，蛋清适量。

轻松DIY

1 猕猴桃切碎，捣烂。

2 将蛋清打匀，加入碎果肉，充分混合。

使用方法：

（1）将猕猴桃蛋清面膜均匀敷在脸上。

（2）20分钟后用温水洗净。

适用肤质：

任何肤质。

美丽功效：

猕猴桃含丰富的维生素和氨基酸及天然肌醇等，能有效修复受损肌肤，使肌肤保持嫩滑。而蛋清则含丰富的蛋白质及多种矿物质，是为肌肤补充养分的好帮手。

护肤小提示

把蛋清换成蜂蜜，就成了特别适合干性皮肤使用的滋润面膜。

知识补给站

换季护肤品储存法则

1. 保养品

先用棉花蘸酒精，将瓶盖及瓶口的边缘擦拭干净，这样不仅有消毒杀菌作用，也可以将瓶口残存的油质和蜡质一并清洁干净。擦拭完毕后盖上盖子，再用胶带将瓶口密封起来，防止液体蒸发变干。

2. 口红

用干净的面巾纸将与唇接触过的部分轻轻擦拭掉一层，就可以盖上盖子收起来了。

3. 眼影、腮红、粉饼等盒状彩妆品

先用干净的化妆棉将浮粉擦掉，再用棉花（或化妆棉）蘸酒精，将粉盒的外壳、边缘、镜面擦一遍，然后打开放在太阳不直射、空气流通的地方5分钟，盖好就可以收起来了。

猕猴桃蛋黄面膜

材料：猕猴桃1个，小麦胚芽油3毫升，蛋黄1个，玫瑰精油1滴。

轻松DIY

1 将猕猴桃去皮取肉，磨成泥状。
2 加入小麦胚芽油、蛋黄及玫瑰精油拌匀即可。

使用方法：

（1）脸部清洁洗净后，取适量面膜均匀敷在脸部。
（2）15～20分钟后，再用手指将微干的面膜搓掉。
（3）用清水将脸洗净。
（4）每周1～2次。

适用肤质：

任何肤质。

美丽功效：

小麦胚芽油含维生素E，可修护老化肌肤及减缓细纹的增生，达到延缓老化的目的；玫瑰适合所有肌肤，可预防皮肤老化，促进细胞再生。

护肤小提示

若是油性皮肤可将玫瑰精油换成尤加利精油，可抑制皮脂分泌。

知识补给站

瘦脸按摩

1. 放松肌肉
先涂上专用瘦脸霜，放松脸部肌肉。
2. 刺激淋巴
用手掌或手指按压锁骨凹陷处，3秒钟后放开手指。连续做3次。
3. 撑住头部
用大拇指顶起下颚两侧的凹陷处，将头部重量全部由大拇指来支撑，3秒后松开手指。连续做3次。
4. 擦脸运动
用大拇指压住下颚的凹陷处不动，其余四指顺着从鼻翼到耳根的方向向外擦，动作要有力。做3次，每次做3秒。
5. 使面部线条清晰
从下颚到耳根后，用拇指内侧来回滑动按摩，让脸部线条逐渐清晰起来。做10个来回。
6. 舒展额头
用双手的食指、中指、无名指三根手指轻轻横向按摩额头，让额头舒展开来。做10个来回。
7. 压紧眼角
用大拇指紧紧将内眼角往下压，让眼皮的肌肉变得紧实，但注意眼睛要放松。做3次，每次3秒。
8. 紧实眼肌
用食指从内眼角到外眼角沿着眼睛下方的骨线轻轻按压，紧实眼部肌肤。做3次，每次3秒。
9. 按摩眼皮
用食指从里到外沿着眉骨轻压按摩眼皮。做3次，每次3秒。

芒果牛奶面膜

材料： 芒果1个，牛奶100毫升。

轻松DIY

1 芒果削皮，去核，捣成泥。
2 将芒果泥与牛奶搅拌均匀。

使用方法：

（1）将芒果牛奶面膜均匀敷在脸上。

（2）15分钟后洗净。

适用肤质：

除敏感性皮肤外的任何肤质。

美丽功效：

含有丰富维生素的芒果，能够活化肌肤细胞，排出污物及油脂，并具有软化角质的作用。配合牛奶更能滋润肌肤。

知识补给站

面部有螨虫的表现

（1）在夜间面部会有瘙痒感。
（2）肌肤逐渐变粗糙，并有脱皮的现象。
（3）早晨起来用柔软的纸轻擦鼻翼两侧或额头有油脂渗出。
（4）毛孔逐渐变粗变大，鼻部周围毛孔有黑头并不断增多。
（5）痤疮反复发作。

西瓜面膜

材料： 西瓜瓤、牛奶、面粉各适量。

轻松DIY

1 将西瓜瓤去籽榨汁。
2 在西瓜汁中加入牛奶和面粉搅匀。

使用方法：

（1）涂匀整个面部。

（2）20分钟后洗净。

（3）每周1～2次。

适用肤质：

任何肤质。

美丽功效：

西瓜所含的维生素A、维生素C及B族维生素都是保持肌肤健康与润泽的必需养分，敷在脸上会有相当好的柔肤效果；牛奶可使较黑的肌肤逐渐变白，能收缩较粗的毛孔。

护肤小提示

此法对因日光晒黑的肌肤效果较好。

知识补给站

关于纸面膜的使用

（1）纸面膜大多用在爽肤之后、润肤之前。

（2）使用纸面膜前先扩张毛孔，比如洗澡，更有助于面膜发挥功效。

（3）大多纸面膜用后无须清洗，但有的纸面膜中的美容液含量较高，浮在肌肤表面没有完全吸收，会使人感觉不清爽，这时用化妆棉擦拭一下即可。

西瓜皮面膜

材料：西瓜皮1块。

轻松DIY

1 将西瓜皮洗净，切去红瓤。

2 放入冰箱冷藏2小时。

使用方法：

（1）将冷藏的西瓜皮切成薄片，敷在脸上。

（2）5分钟以后，用水洗净。

（3）每周2次。

适用肤质：

任何肤质。

美丽功效：

西瓜皮含有大量水分和膳食纤维，用它敷面可使肌肤清爽舒适，并有保湿及收缩毛孔的作用。

护肤小提示

因西瓜皮要冷藏，敷在脸上会很凉，故适宜在夏季使用。

西红柿面膜

蔬菜当道

材料：熟透的西红柿1个，奶粉2匙，蜂蜜2匙。

轻松DIY

1 将红西红柿去蒂、剥皮，再用汤匙捣烂。
2 将奶粉和蜂蜜加入捣烂的西红柿泥中，均匀搅拌成糊状。

使用方法：

（1）洗脸后，将西红柿面膜均匀涂于脸上。

（2）在“T”字区敷厚一点儿，并稍加按摩。

（3）10分钟后用温水清洗干净即可。

适用肤质：

油性皮肤、混合性皮肤和肤色偏黄者。

美丽功效：

西红柿含丰富的维生素A和维生素C，可以增强肌肤及黏膜的新陈代谢能力，具有深层清洁、平衡油脂的效果，还有美白与镇静的作用。

护肤小提示

（1）涂抹在脸上后，用热毛巾或面膜纸盖上以帮助吸收。

（2）将西红柿切成薄片，直接贴在脸上20分钟，也可以达到美肤效果。

（3）把西红柿切片在脸上搓揉按摩，可以去角质兼有柔嫩肌肤的功效。

生菜面膜

材料：新鲜生菜叶若干片。

轻松DIY

1 将生菜叶捣碎，加少量水，煮 5 分钟。
2 把生菜叶捞出，包入纱布。

使用方法：

（1）趁热将纱布敷在脸上。

（2）10分钟后用温水洗净。

（3）剩下的汤汁可用来擦脸。

适用肤质：

任何肤质。

美丽功效：

治疗肌肤刺激、阳光灼伤、痤疮、毛细血管扩张等症状。

芹菜豆腐面膜

材料： 芹菜60克，豆腐30克。

轻松DIY

1 将芹菜切碎，与豆腐一起放在碗中搅拌成糊状。

2 将芹菜豆腐糊均匀涂抹在面膜纸上。

使用方法：

（1）将面膜纸敷在脸上。

（2）30分钟后揭下面膜，将脸冲净。

（3）拍爽肤水，涂上护肤乳液。

适用肤质：

任何肤质。

美丽功效：

豆腐和芹菜拌在一起，具有杀菌、清洁的功效，有利于痤疮的软化和痊愈。

护肤小提示

（1）将芹菜的根和叶粉碎，加2杯水煮15~20分钟后过滤，早晚各擦1次脸。

（2）榨取芹菜汁，兑入蜂蜜搅匀，早晚空腹分2次温开水冲服，有排毒养颜作用。

知识补给站

痤疮患者饮食宜忌

食用过多的脂肪或含油脂丰富的食物（如肥肉、花生等），会增加皮脂的分泌，加重痤疮的生长；含糖多的食物，辛辣食品（如辣椒、蒜、芥末），煎炸食品，巧克力、咖啡、烟、酒等刺激性食品，会加重痤疮症状，不利于康复，应少吃或不吃。

主食方面可多吃一些糙米、玉米等粗粮；副食方面应多选择些蔬菜、水果、豆制品，也可选用一些海产品，如紫菜、海带等。烹调方面以清淡为宜。

苦瓜面膜

材料：苦瓜1条。

轻松DIY

1 将苦瓜洗净，放入冰箱冷藏。
2 两小时后，将苦瓜取出切成薄片。

使用方法：

（1）将苦瓜片贴在脸上。

（2）15分钟后清洗干净。

适用肤质：

任何肤质。

美丽功效：

苦瓜中维生素C的含量是柑橘的两倍多，是天然的美容产品，能滋润肌肤，还能镇静和保湿肌肤。在燥热的夏天，敷上冰过的苦瓜片，能立即解除肌肤的干燥，修复被晒伤的肌肤。

护肤小提示

因经过冷藏，所以最好在夏季时使用。

苦瓜绿豆粉面膜

材料：苦瓜半条，蜂蜜1匙，绿豆粉2匙，茶树精油1滴，蒸馏水少许。

轻松DIY

1 苦瓜洗净，连皮捣成泥。
2 在苦瓜泥中加入蜂蜜、茶树精油、蒸馏水少许拌匀。
3 再加入绿豆粉搅拌均匀即可。

使用方法：

（1）脸部清洁洗净后，取适量面膜均匀敷在脸部。

（2）15～20分钟后，再用手指将微干的面膜搓掉，用清水将脸洗净。

（3）每周1～2次。

适用肤质：

油性皮肤及痤疮肌肤。

美丽功效：

苦瓜与绿豆粉均属凉性食物，具有排毒消肿的功效；茶树精油具有消毒杀菌的作用，是最佳的痤疮肌肤治疗剂。

知识补给站

物理性隔离霜和化学性隔离霜的区别

物理性隔离霜是利用反射的原理来对紫外线进行隔离的。当阳光照射到肌肤之后，肌肤上覆盖的二氧化钛类物质就会像镜子一样将阳光反射出去，而不致直接侵害到肌肤表面。通常说来，物理性隔离霜的SPF越高，质地越油腻，以致肌肤常有不透气的感觉，不过正是这种不透气的物质保护了娇嫩的肌肤。这种隔离霜的最大特点是不易引起肌肤过敏。而化学性隔离霜则是添加了能够吸收紫外线的成分，能够将紫外线转为不会伤害肌肤的物质。化学性隔离霜相比之下质地清爽，但对过敏性皮肤不太适合。

丝瓜面膜

材料：丝瓜1条，面粉1匙。

轻松DIY

1. 新鲜丝瓜洗净，切块，榨成汁。
2. 将丝瓜汁滤去杂质。
3. 在丝瓜汁中加入面粉，搅拌成糊状。

使用方法：

（1）将丝瓜面膜均匀涂于面部。

（2）5～20分钟后，用温水清洗干净。

适用肤质：

任何肤质。

美丽功效：

丝瓜汁被称作“美人水”，含有防止肌肤老化的维生素B_1和增白肌肤的维生素C等成分，能保护肌肤，消除斑块，使肌肤洁白、细嫩。

知识补给站

隔离霜的颜色及适用肤质

隔离霜有紫色、绿色、白色、蓝色、金色、肤色6种，它们的作用各不相同。

1. 紫色

在色彩学中，紫色的对比色是黄色，因此紫色最具有中和黄色的作用。它的作用是使肌肤呈现健康明亮、白里透红的色彩。

适合普通肌肤、稍偏黄的肌肤使用。

2. 绿色

色彩学中，绿色的对比色是红色。绿色隔离霜可以中和面部过多的红色，使肌肤呈现亮白的完美效果。另外，还可有效减轻痤疮瘢痕的明显程度。

适合偏红肌肤和有痤疮瘢痕的肌肤。

3. 白色

当使用白色的隔离霜之后，肌肤的亮度增加，肤色会立即看起来干净而有光泽。

适合晦暗、色素不匀的肌肤。

4. 蓝色

蓝色可以较温和的修饰肤色，加强肌肤的透明感，使缺乏血色的肌肤看起来粉嫩、自然，在肤色较白或需要打亮的部位用蓝色修饰能使肌肤显得更加白皙、健康。

适合白得不正常，年纪大而肌肤缺乏血色，面部没有光泽的人使用。

5. 金色

如果您希望拥有健康的巧克力色肌肤，那么金色隔离霜是最好的选择。此外，金色隔离霜还可以让肌肤黑里透红，晶莹透亮，充满活力。

适合肤色较黑或追求麦色肌肤的人使用。

6. 肤色

肤色隔离霜不具调色功能，但具高度的滋润效果。

适合肌肤红润、肤色正常的人，或只要求补水防燥、不要求过分修饰的人使用。

冬瓜瓤面膜

材料：冬瓜瓤5千克，小麦粉50克。

轻松DIY

1. 将鲜冬瓜瓤连同瓤中的冬瓜籽入锅煎煮。
2. 小火煎熬 1 小时后，去渣，取汁。
3. 在冬瓜瓤煎汁中加入小麦粉，熬成糊状，装瓶备用。

使用方法：

（1）每日用此面膜敷脸。

（2）15~20分钟后洗去。

适用肤质：

任何肤质。

美丽功效：

本面膜有去除肌肤黑斑，使肌肤白皙的功效。

知识补给站

隔离霜的作用

1. 隔离紫外线

形成肌肤与紫外线的屏障，这要求隔离霜具有一定的防晒指数。

2. 隔离彩妆

形成肌肤与彩妆间的保护屏障，在化妆前为肌肤提供一个清洁温和的环境，成为抵御外界污染的屏障。

3. 隔离脏空气

减少空气中的尘埃、细菌直接侵袭、伤害肌肤。

黄瓜牛奶面膜

材料：黄瓜1条，风油精数滴，牛奶、蜂蜜适量。

轻松DIY

1 黄瓜洗净，榨汁。

2 加入牛奶、蜂蜜和风油精数滴，搅拌均匀。

使用方法：

（1）将黄瓜牛奶面膜涂在脸上。

（2）20～30分钟后洗净。

适用肤质：

除敏感性皮肤外的任何肤质。

美丽功效：

润肤、增白、除皱。

护肤小提示

将黄瓜洗净，切薄片，直接贴于面部，也有上述功效。

冰镇黄瓜面膜

材料：黄瓜1条。

轻松DIY

1 将新鲜黄瓜洗净，磨成泥。

2 用纱布滤去黄瓜渣。

3 将黄瓜汁放入冰箱冷藏。

使用方法：

（1）黄瓜汁冰镇两小时后，用面膜纸蘸满黄瓜汁敷面。

（2）15分钟后揭去面膜，洗净面部。

适用肤质：

任何肤质。

美丽功效：

黄瓜含有丰富的维生素C、氨基酸及黏多醣体，具镇静、舒缓、收敛毛孔、保湿及美白功效，能收缩粗大毛孔，舒缓过敏、晒后受伤及皮肤暗疮的症状。

护肤小提示

（1）把黄瓜汁当爽肤水使用，对舒缓敏感肌肤很有效。

（2）冰镇黄瓜切薄片敷面，也能起到相同效果。

（3）冰镇黄瓜或黄瓜汁只适宜夏季使用。

知识补给站

被阳光灼伤后的护理

1. 暴晒5分钟

症状：皮肤微微发红，只是表皮被阳光轻微灼伤。

护理：用凉水冲洗，或喷上些补水喷雾，状况马上可以得到缓解。

2. 暴晒30分钟

症状：皮肤发红或发痒，甚至出现过敏症状。

护理：在发热、发红的皮肤上喷补水喷雾，或涂抹晒后修护乳液。

3. 暴晒120分钟

症状：皮肤通红，脸上出现片状晒疹。

护理：

（1）可在脸上喷些补水喷雾，帮助皮肤降温。

（2）将毛巾在冷水中浸泡冷敷局部15～20分钟，以冷却被晒红的皮肤。

（3）将西瓜皮捣烂冰镇后敷在晒红的皮肤上，不仅能补水降温，退红的效果也不错。

（4）暂停去角质。晒后的皮肤很脆弱，即使是轻柔的去角质也会造成“雪上加霜”，要先让皮肤放松恢复一段时间，至少1周后再考虑去角质护理。

胡萝卜面膜

材料：胡萝卜1根，鸡蛋1个，蜂蜜2匙。

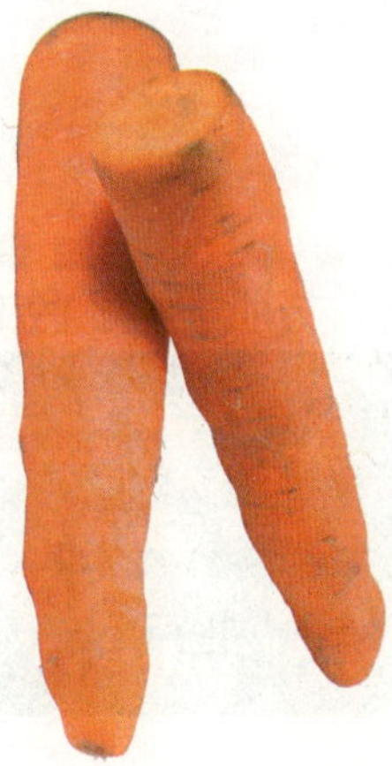

轻松DIY

① 将胡萝卜洗净，去皮，剁碎。

② 加入蜂蜜、蛋黄，调成糊状的面膜。

使用方法：

（1）将面膜敷在脸上，避开眼睛和嘴巴。

（2）10～15分钟后，用温水洗净。

适用肤质：

任何肤质。

美丽功效：

胡萝卜所含的β－胡萝卜素，可以抗氧化、美白肌肤，还可以清除肌肤的多余角质，对油腻的痤疮肌肤也有镇静舒缓的功效；蛋黄和蜂蜜都有保湿润肤的效果。

土豆泥面膜

材料：土豆200克，牛奶、甘油各适量。

轻松DIY

1 土豆煮熟后去皮，加少量原汤捣成泥。
2 加入牛奶、甘油混合捣匀成糊状。

使用方法：

（1）将土豆泥面膜均匀涂于脸上。

（2）盖上热毛巾或面膜纸。

（3）1小时后洗掉。

适用肤质：

适用于皮肤干枯萎缩、油性皮肤及面部浮肿的人。

美丽功效：

土豆含有丰富的维生素，可以促进皮肤细胞生长，保持皮肤光泽，减少皮下黑色素沉积，具美白、嫩肤、消斑、除皱之功效。

护肤小提示

不加甘油、牛奶的土豆泥面膜特别适用于油性皮肤去油。

知识补给站

形成肌肤颜色的黑色素细胞

肌肤的颜色是由发生在表皮层的复杂化学反应决定的。与基底层相平行，分布在角质细胞（母细胞）之间的一些专门合成黑色素的细胞，我们称之为黑色素细胞。由于它们的形状特殊，黑色素细胞很容易辨认。在显微镜下可以看到，它们是具有枝突（在角质细胞之间缠绕的手指形状的东西）的圆形细胞，每1个黑色素细胞与36个角质细胞相结合形成1个黑色素单元。

大蒜蜂蜜面膜

材料：大蒜1头，蜂蜜适量。

轻松DIY

将新鲜大蒜去皮，切开。

使用方法：

（1）先把脸洗净。

（2）用大蒜蘸蜂蜜轻擦脸部多油部位。

（3）整个疗程共15天，第1天擦15次，第2天擦14次……依此类推，最后1天擦1次。

适用肤质：

适合油性皮肤，敏感性皮肤慎用。

美丽功效：

有效去除脸部油脂。

大蒜绿豆粉面膜

材料：大蒜1头，绿豆粉10克，清水100毫升，泡发面膜1张。

轻松DIY

1 把大蒜剥皮，用微波中小火加热2分钟，以去除大蒜的味道。
2 把大蒜放入果汁机，加入清水，搅碎。
3 浸泡10分钟后把大蒜过滤出来。
4 将泡发面膜泡在大蒜水中。
5 在一个碗中放入绿豆粉，倒入适量大蒜水搅拌均匀。

使用方法：

（1）把膏状物涂在泡发面膜上，敷在脸上。

（2）10～15分钟后，用清水洗净。

适用肤质：

除敏感性皮肤外的任何肤质。

美丽功效：

具有瘦脸、治痤疮、去角质的功效。

知识补给站

何为泡发面膜

泡发面膜实际上就是一种压缩面膜纸——把面膜纸压缩成硬币或者药片一样大小。把这种压缩面膜纸泡在水里，它会慢慢涨开，最后还原成一张面膜。这种泡发面膜是专门配合爽肤水或者收敛水来使用的，最大的优点就是可以提供充足的养分，并且保证肌肤能充分吸收这些成分。用泡发面膜还可以自制很多功效不同的面膜。

花朵芬芳

李花面膜

材料：李花若干，蜂蜜少许。

轻松DIY

1 清晨，采摘李花若干。
2 将其捣烂，加入少许蜂蜜调匀。

使用方法：

（1）将李花面膜均匀敷在脸上。
（2）15分钟后洗净。

适用肤质：

任何肤质。

美丽功效：

李花可补水、消斑，使肌肤细腻嫩白。

知识补给站

完美肌肤的八大敌人

1. 香烟
香烟中的尼古丁、焦油会导致肌肤松弛、黯淡无光，并能让肌肤明显呈现“菜”色。
2. 酒精
过度的酒精摄入会使肌肤缺水，血管扩张，甚至导致酒糟鼻。
3. 阳光
阳光中含有的紫外线及其他各种射线会给肌肤带来损伤。
4. 电话
电话听筒是细菌的培养基地，要经常用酒精擦拭话筒以消毒、杀菌，并改掉接听电话时将听筒紧贴在脸上的习惯。
5. 过度节食
过度节食会导致身体严重缺乏水分和养分，令肌肤抵抗力下降，易受外界伤害。频繁的体重增减，更会令肌肤失去弹性，导致松弛。

6. 某些药物
一些药物如抗生素等，其固有的副作用会对肌肤不利。
7. 面部运动
运动有利于身体健康这毫无疑问，但是频繁而夸张的面部运动会加速皱纹的增长。
8. 过量维生素
服用过量的维生素对肌肤不利。比如：服用过量的维生素A，会导致肌肤变得脆弱，发黄。

芦荟蜂蜜面膜

材料：芦荟1片，蜂蜜3～4滴。

轻松DIY

1 芦荟去刺，去皮，切块，榨汁。
2 将蜂蜜和芦荟汁调匀，不要太黏。

使用方法：

（1）晚上睡觉前，洁面后敷在脸上。

（2）第二天早晨洗净。

适用肤质：

除敏感性皮肤外的任何肤质。

美丽功效：

滋润肌肤，消炎，治痤疮。

知识补给站

美容护肤的五大误区

1. 洁面后，过很久才使用护肤品
洗脸后立刻使用护肤品，使肌肤油脂分泌平衡，可保持皮脂膜健康。每一次洗脸或多或少都会破坏皮脂膜，必须尽快使用护肤品，补充水分和养分，否则新的皮脂膜很难即刻形成，肌肤将会出现干燥、紧绷等不适感。因此，建议在洗脸后3~5分钟内，迅速涂用护肤品。
2. 在同一天使用磨砂膏和洁净面膜
这两种产品都有去除油脂、剥除角质的用途，当老的角质被去除后，又用洁净面膜再一次清洁肌肤并去除角质，对细嫩的肌肤来说是相当刺激的，尤其对干性皮肤而言，可能会造成过度干燥。去除多余角质后，肌肤需要补充水分，这时用温和的保湿面膜是最安全的，保湿成分也会被很好地吸收。
3. 把爽肤水直接倒在手上，用手拍打面部肌肤将爽肤水倒在手上再轻拍面部，爽肤水会在手上和拍脸的过程中大量挥发流失。正确的做法是：取适量爽肤水浸湿化妆棉后，轻轻地涂抹在洁净的面部及颈部。化妆棉与肌肤的贴合度比手好，爽肤水能发挥再次清洁及滋润、调理肌肤的功效。

4. 卸妆先用纸巾直接抹去唇膏
直接用纸巾抹去唇膏对嘴唇的刺激过于强烈，会对唇下肌肤的毛细血管造成破坏，长此以往会令唇色改变，严重的甚至引发炎症。唇妆的卸除要使用化妆棉和唇部专用卸妆液，避免唇部伤害。
5. 干性皮肤不能使用美白产品
干性皮肤与使用美白产品没有直接的关系，但干性皮肤一定要将保湿放在首位，以充足的水分保证肌肤的自然代谢正常化，否则美白成分不易被肌肤吸收。干性皮肤最好能在夜晚多用美白精华素或晚霜，让肌肤充分吸收营养，才能逐渐显现美白的效果。

芦荟酸奶面膜

护肤小提示

芦荟胶液可在药店买到。

材料：芦荟胶液2匙或新鲜芦荟叶1片，酸奶半杯。

轻松DIY

1 将上述材料混合，搅拌均匀呈糊状。
2 如果用的是新鲜芦荟叶，芦荟叶要去皮，并捣碎叶肉。

使用方法：

（1）洁肤后，将制成的混合物涂在脸上并做打圈按摩。

（2）停留1～2分钟后洗净。

适用肤质：

任何肤质。

美丽功效：

美白、保湿、去皱。

芦荟黄瓜面膜

材料：芦荟50克，黄瓜1条，鸡蛋1个，面粉4匙，蜂蜜2匙。

轻松DIY

1 芦荟洗净去刺，黄瓜洗净去皮，切块。
2 将芦荟和黄瓜块一同放入榨汁机中榨汁，滤去残渣。
3 鸡蛋打成蛋液，与芦荟黄瓜汁搅拌均匀。
4 加入面粉，调成糊状。

使用方法：

（1）将芦荟黄瓜面膜均匀涂在脸上。
（2）30分钟后洗净。

适用肤质：

任何肤质。

美丽功效：

此面膜能在深层清洁肌肤的同时给肌肤补足水分。

樱桃花面膜

材料：樱桃花若干，蜂蜜适量。

轻松DIY

1 樱桃花盛开季节，摘取刚开的花朵。
2 将花朵洗净，捣烂，加入蜂蜜调匀。

使用方法：

（1）洁面后，将樱桃花面膜均匀涂抹在脸上。
（2）20分钟后洗净。

适用肤质：

任何肤质。

美丽功效：

能让肌肤更红润、有光泽。

护肤小提示

用樱桃花或樱桃树的枝、叶煎水洗面，也有良好的美容效果。

蛋奶主打

牛奶面膜

材料：牛奶30毫升，面膜纸1张。

轻松DIY

将牛奶放入容器中，浸泡面膜纸。

使用方法：

（1）把浸透牛奶的面膜纸敷在脸上。

（2）15～20分钟后，揭下面膜纸，用清水将脸洗净。

适用肤质：

任何肤质。

美丽功效：

美白。

护肤小提示

注意要用牛奶，不能用奶粉，更不能用过期结块的牛奶。

知识补给站

牛 奶 的 功 效

牛奶具有补益五脏、润肌肤、养心肺、止烦渴、解热毒之功效。现代科学测定，牛奶中含有丰富的营养成分，每100克牛奶含蛋白质3.5克，脂肪3.8克，乳糖4.6克，还含有多种维生素和矿物质。这些营养成分与肌肤健美有着十分密切的关系，可以防止肌肤干燥和老化，使肌肤、毛发具有光泽；促进肌肤的新陈代谢，保护肌肤和黏膜的完整性。

牛奶橄榄油面膜

材料：鲜牛奶50毫升，橄榄油4～5滴，面粉适量。

轻松DIY

把鲜牛奶、橄榄油和面粉混合、搅拌均匀。

使用方法：

（1）将牛奶橄榄油面膜敷在脸上。

（2）20分钟后用清水洗净。

（3）此面膜适合长期使用。

适用肤质：

任何肤质。

美丽功效：

可增加肌肤的活力和弹性，使肌肤变得清爽润滑、细腻洁白。

知识补给站

弹性紧肤简单按摩

每天做肌肤保养时，可在将保养品涂在干净脸上之际做简单按摩：首先将食指与中指从下巴往上轻推，缓缓经过脸颊，最后食指停顿在两边太阳穴。重复相同步骤，直到保养品完全为肌肤所吸收。

牛奶豆腐面膜

材料：牛奶100毫升，豆腐1块，化妆棉1片。

轻松DIY

1 把牛奶放入冰箱冷藏1小时，豆腐捏碎，备用。
2 把化妆棉在冰牛奶中浸透。

使用方法：

（1）先用剩下的冰牛奶洗脸，然后把化妆棉敷在脸上红肿发烫的部位。

（2）敷脸10分钟后揭下。

（3）把碎豆腐装在薄纱布袋内，用来搓揉脸部。

适用肤质：

任何肤质。

美丽功效：

冰牛奶能立即使晒伤的肌肤舒缓并止痛；豆腐会让发红的肌肤变得白皙、光滑。

护肤小提示

如果肌肤仍然很痛，那么可能已经发炎，需要去看皮肤科。

知识补给站

为何会晒伤

晒伤是因为阳光中的紫外线破坏了最外层的肌肤细胞，并且损害微血管，让肌肤产生红肿和疼痛。晒伤是一种肌肤伤害，而且是有累积性的。过度暴露在阳光下会侵蚀肌肤弹性纤维，形成皱纹，严重者可能引起皮肤癌。因此在阳光紫外线最强的时候（上午10点到下午3点）最好不要到户外活动。

另外，海拔高度每增加100米，紫外线强度会增加4%，因此进行登山运动时也要注意防晒；滑雪时，雪能反射85%的紫外线；步行时，沙子和水泥会反射50%的紫外线；薄云层只能阻挡20%～40%紫外线辐射，这就是说，即使是在阴天也有可能会晒伤。

酸奶奶油面膜

材料：酸奶、奶油各20克。

轻松DIY

酸奶和奶油混合搅拌均匀。

使用方法：

（1）将酸奶奶油面膜轻轻敷在脸上。

（2）20分钟后用清水洗净。

适用肤质：

适用于中老年妇女或面部皱纹较多的孕产妇。

美丽功效：

此面膜具有收敛作用，长期坚持可消除面部肌肤上的皱纹。

知识补给站

星座女孩夏日护理攻略（一）

1. 白羊座

白羊座女孩在夏天易虚火上升，从而导致皮肤粗糙，因此最好多喝凉茶降火。

2. 金牛座

金牛座女孩天生就是个美食家，夏日里就最好自己动手煲些美味又养颜的汤来补充营养和水分。

3. 双子座

双子座女孩最擅长演讲，所以嗓子是保护的重点，在夏天最好多喝水，润喉补水。

4. 巨蟹座

巨蟹座女孩双手灵巧，勤劳爱做家务，但是玉手在做家务时损伤也最大，最好戴着手套，并多擦些护手霜。

5. 狮子座

狮子座女孩好面子，美容的重点当然就是自己的俏脸了，夏日脸上的肌肤分泌旺盛，最容易长痤疮，要勤洗脸，有时间就要定期做有针对性的专业护理。

6. 处女座

处女座女孩爱钻牛角尖，独自苦想可不好，想开一点儿，保持心情愉快，使肌肤焕发光彩。

维生素E酸奶面膜

材料：酸奶2匙，维生素E胶囊2粒，蜂蜜半匙，柠檬半个。

轻松DIY

1 柠檬榨汁。
2 把维生素E胶囊里的药粉倒入空碗里，加入酸奶、蜂蜜和柠檬汁，调和拌匀。

使用方法：

（1）把维生素E酸奶面膜敷在脸上，盖上面膜纸。
（2）15分钟后用温水冲洗。
（3）用含有活性乳酸菌的酸奶轻柔按摩脸部。

适用肤质：

任何肤质。

美丽功效：

深入肌肤，彻底将毛孔内的污垢清除；具有高效抗氧化，减缓肌肤衰老的作用。

知识补给站

星座女孩夏日护理攻略（二）

7. 天秤座
天秤座女孩夏天容易出汗，要注意补水补盐；平日多加强锻炼，不仅能保持体态的优美，还能使肌肤紧致。
8. 天蝎座
天蝎座女孩素有“电眼美女”的称号，美容的重点少不了一双美目，睡前少喝水，注意保养眼部肌肤。
9. 射手座
射手座女孩喜欢旅游，夏天穿得不多，身上的肌肤受紫外线伤害最大，虽然有些人喜欢古铜色的肌肤，但是出门前还是要多擦些防晒品，防止严重灼伤。
10. 摩羯座
摩羯座女孩是个工作狂，就算假期也会忘我地工作，熬夜会使肌肤变得很憔悴，有个良好的作息时间很必要。
11. 水瓶座
水瓶座女孩喜欢钻研，却很少注意调理肌肤，夏日最好喝些滋补养颜的保健品。
12. 双鱼座
双鱼座女孩柔情似水，一头秀发更是她们最突出的地方，重点保护的对象当然就是头发。但若肤如凝脂就会更添魅力了。

酸奶柠檬蜂蜜面膜

材料：酸奶20毫升，柠檬汁20毫升，蜂蜜20毫升，维生素E胶囊5粒。

轻松DIY

1 将酸奶、柠檬汁、蜂蜜搅拌成糊状。
2 将维生素 E 胶囊剥开，倒入糊状物中搅拌均匀。

使用方法：

（1）将调好的面膜涂在脸上。

（2）15分钟后，用清水洗净。

适用肤质：

除敏感性皮肤外的任何肤质。

美丽功效：

温和有效地清除肌肤上的污垢，充分滋润肌肤，促进新细胞再生。

护肤小提示

因不易保存，所以最好不要存放。

知识补给站

“电脑族”护肤法则

（1）电脑的电磁辐射会导致肌肤干燥、脱皮、颜色偏黄；屏幕辐射产生静电，易使面部吸附灰尘；长时间面对电脑，易滋生斑点与皱纹。因此上网前不妨涂上护肤乳液，再加一层薄粉底，以增加肌肤的抵抗力。

（2）离开电脑后，第一项任务就是洁肤，用温水加上洁面品彻底清洗面庞，将静电吸附的尘垢通通洗掉，然后涂上温和的护肤品。这样做可减少伤害，润肤养颜。

燕麦片面膜

材料：燕麦片50克，木瓜半个，脱脂牛奶20毫升。

轻松DIY

1 将燕麦片放入水中泡 6 ~ 8 小时。
2 木瓜榨汁。
3 将燕麦片滤去水，加脱脂牛奶和木瓜汁搅拌成糊状。

使用方法：

（1）将燕麦片面膜均匀敷在脸上。

（2）10～20分钟后用清水洗净。

适用肤质：

任何肤质。

美丽功效：

可以改善肌肤粗糙，去除堆积角质，使肌肤光滑清爽。

酸奶麦片面膜

材料：原味酸奶30毫升，麦片10克，蜂蜜5毫升。

轻松DIY

1. 将上述材料搅拌均匀。
2. 为避免麦片黏结成块，可先将其碾碎成粉末再与其他成分混合。

护肤小提示

如果中性、干性皮肤者使用，要把酸奶用纱布过滤一遍，再加1匙鲜牛奶。

使用方法：

（1）洁面后，将酸奶麦片面膜均匀涂在脸上并做环形按摩。

（2）停留1～2分钟后洗净。

适用肤质：

油性皮肤。

美丽功效：

酸奶和燕麦片中的物质（如维生素E）可以分解肌肤的老化角质细胞，抑制和祛除色素斑点，因而有很好的祛斑美容效果。酸奶含乳酸菌可以化解油脂，所以适宜油性皮肤者使用。蜂蜜有良好的滋润效果。

知识补给站

生理期护肤法则

1. 深层清洁

选择适合个人肤质且不具刺激性的洗面奶及洁肤霜，以双重洗脸法彻底清洁毛孔，保持肌肤洁净。

2. 预防面疱

定期蒸脸、去角质，并选择适合自己肌肤的面膜，除去沉淀在肌肤内的尘埃、污垢、毒素，使毛孔畅通，肌肤水分充足，保持新陈代谢正常。

3. 抑制油脂

早晚使用适合肤质、不含药性的保养品，注意多清除油脂。如容易在生理期期间长痤疮，则此时尽量不要使用药霜控制，并最好避免使用化妆品。

冰激凌面膜

材料：冰激凌1个，酸奶、淀粉适量。

轻松DIY

1 洁面后将冰激凌稍稍融化，与酸奶和淀粉一并搅拌成糊状。

2 把冰激凌糊均匀涂抹在面膜纸上。

使用方法：

（1）把面膜纸有冰激凌糊的一面覆盖在脸上，防止融化后的冰激凌流出脸外。

（2）30分钟后除去面膜纸，将脸冲净。

（3）拍爽肤水，涂上乳液。

适用肤质：

任何肤质。

美丽功效：

让肌肤像奶油般细腻、润滑。

护肤小提示

切记冰激凌的温度不可太低，否则会过度刺激肌肤。

蛋清面膜

材料：鸡蛋1个，化妆棉1片。

轻松DIY

1 准备好清洁的化妆棉，将化妆棉撕开成为较薄的片，越薄越好。

2 打开鸡蛋，将蛋清与蛋黄分开，留蛋清部分待用。

使用方法：

（1）将撕薄后的化妆棉浸入蛋清，稍微沥干后贴在鼻头上。

（2）静待10～15分钟，待化妆棉干透后小心撕下。

适用肤质：

任何肤质。

美丽功效：

去除黑头，紧致肌肤。

护肤小提示

化妆前做蛋清面膜，可以延缓脱妆。

知识补给站

夏季多发的肌肤病（一）

1. 痱子

病因：是由气温高，湿度大，人体出汗过多却不能及时蒸发，汗液淤积、汗孔堵塞所致。

症状：小米粒大小浅表水疱、红色小丘疹、小脓疱等。

预防：注意室内通风降温；衣服宽松、干净；肥胖者、婴儿及产妇应勤洗浴，但不宜用冷水，擦干后扑痱子粉。若发生脓痱应到医院就诊。

2. 日晒伤

病因：常由日晒过度造成。

症状：日晒后3～6小时于日晒部位出现红斑，严重时可形成水疱，有明显灼痛。

预防：避免或减少在强烈阳光下暴晒，外出应先涂抹防晒霜，并有遮阳措施。

3. 光敏性皮炎

病因：少数人对紫外线过敏所致。

症状：通常在日晒后1～2天后发病，皮疹多发于面部、颈部和颈前"V"形区等，表现为小丘疹、小水疱、瘙痒，严重时非光照部位也可起皮疹，瘙痒明显，恢复慢。

预防：过敏体质者应注意绝对避光，每天上午9点到下午5点最好不要外出，必须外出时一定要穿长袖衣、戴宽缘帽、打遮阳伞、用防晒霜。

薄荷蛋清面膜

材料：蛋清1个，薄荷1匙，脱脂奶粉1匙。

轻松DIY

把蛋清、薄荷与脱脂奶粉混合均匀。

使用方法：

（1）将薄荷蛋清面膜涂在脸上。

（2）15分钟后用温水洗净。

适用肤质：

任何肤质。

美丽功效：

改善油脂分泌，增加肌肤弹性。

护肤小提示

敷脸的时间不要太长，否则脸会感觉干燥紧绷。

知识补给站

夏季多发的肌肤病（二）

4. 丘疹性荨麻疹

病因：与蚊虫叮咬有关，如跳蚤、虱子、蚊子等昆虫叮咬肌肤后诱发的过敏反应。

症状：皮疹为绿豆至花生米大小略带纺锤形的红色风团，顶端常有小水疱，多成片或散发于躯干、四肢，瘙痒明显。

预防：尽量少到草丛、树荫下等潮湿、蚊子多的地方，室内可熏蚊香。敏感性肤质注意最好不用红花油，否则可能使病情加重。

5. 过敏性肌肤病

病因：由植物花粉等引起。

症状：阵发性喷嚏、流清鼻涕、鼻塞、头痛、流泪，似感冒症状；肌肤可出现局部或全身性荨麻疹、颜面再发性皮炎、瘙痒等。

预防：尽量少吃高蛋白质、高热量的食物；有过敏史的人，尽量少去花草树木茂盛的地方，避免嗅闻、接触花草；外出郊游时要穿长袖衣裤，并带上脱敏药物，若遇肌肤发痒、全身发热、咳嗽、气急时，应迅速离开此地并口服息斯敏或扑尔敏。出现哮喘时应及时到医院诊治。

6. 足部湿疹

病因：夏季潮湿，穿的鞋子不透气所致。

症状：脚脱皮、痒、长水疱。

预防：脚应保持干燥，要穿透气的鞋子，如布底布面的鞋。用皮炎平涂抹患处，一天2～3次。由于湿疹的症状和脚癣相同，很多人把湿疹当成脚癣，用达克宁霜没有任何效果，所以治疗前要去医院做真菌试验，然后对症下药。

蛋清盐蜜面膜

材料：蛋清1个，盐5克，蜂蜜适量。

轻松DIY

把蛋清和盐搅拌至起泡，再倒入蜂蜜搅拌均匀。

使用方法：

（1）洁面后敷上蛋清盐蜜面膜，避免触及眼和唇部四周。

（2）1～2分钟后，待蛋清干透后用温热的水洁面，再用冷水洗一次，然后擦干。

适用肤质：

任何肤质。

美丽功效：

有效消除面部痤疮留下的瘢痕。

知识补给站

减少痤疮瘢痕法则

（1）在痤疮出现“白头”时，避免挤压，否则会出现瘢痕。就算是要挤压，也得严格采取消毒措施；或者尽量到专业正规的美容院处理。

（2）在痤疮快要愈合时，会将原来的深色皮褪去，这时切忌用力将皮撕下，否则伤及真皮，愈合期将会延长。

（3）在痤疮发展期要使用专门的去痘产品，在愈合期可使用一些具有修复功能的美白产品。同时要注意防晒，紫外线对肌肤的侵袭极易造成黑色素沉淀，痤疮会更难愈合。

（4）敏感性皮肤在抗痘愈合期，很容易产生痘坑，应找专业的皮肤科医生进行治疗，不要盲目使用化妆品。

蛋黄面膜

材料：鸡蛋1个，植物油1匙。

轻松DIY

1 取一个鸡蛋分离出蛋黄。
2 在蛋黄中加入植物油，充分搅拌。

使用方法：

（1）将蛋黄面膜涂于面部。

（2）反复揉搓，直至白色泡沫消失后洗去。

（3）每周2～3次。

适用肤质：

任何肤质。

美丽功效：

对面部色斑有脱色、消散的作用，可使肌肤柔嫩、清爽、美白。

护肤小提示

洗净头发后把蛋黄打在头发上，用热毛巾包裹 20 分钟后洗去，具发膜效果。

知识补给站

美白方式之维生素C导入

维生素C导入一般称为美白导入，就是通过导入的方式将一些原本不易穿越肌肤屏障的物质导入肌肤，来达到美白的目的。常见的美白导入方式包括离子导入和超声波导入。离子导入所能够帮助物质进入肌肤的浓度与深度，比超声波导入更高，所以单次的效果更佳。就导入时的舒适性来说，则是超声波导入较为舒适和方便，因为离子导入过程中多半会有些微刺的感觉，导入后也可能会有一两天轻微的发红。超声波导入的过程几乎不会有任何的不适，导入后也不会有明显的红肿。

精油迷情

柠檬精油面膜

材料：柠檬精油2滴，依兰精油1滴，马郁兰精油1滴，鼠尾草精油1滴，橙花精油1滴，小麦胚芽油10毫升。

轻松DIY

将以上材料混合，搅拌均匀。

使用方法：

（1）洁面后，将柠檬精油面膜涂抹在脸上。

（2）轻轻按摩3分钟。

（3）10分钟后用温水洗净即可。

适用肤质：

任何肤质。

美丽功效：

以独特精油分子淡化肌肤表皮沉淀的黑色素，轻松达到美白、润肤双重效果。

护肤小提示

以下配方也有此功效：

柠檬精油1滴，玫瑰精油1滴，橙花精油1滴，荷荷巴油5毫升，芦荟油2毫升，小麦胚芽油3毫升。

知识补给站

植物精油、香薰油与香水

三者有一定共性。科学研究表明，把芳香物涂于身上之后，芳香成分能通过肌肤、嗅觉器官被人体吸收，对脑、肺、血液产生各种影响。

精油（100%Pureessentialoil）：精油是香味之本，既可做香薰之用，又可做美容之用；精油不含其他溶剂或化合物，有药效性，能用于芳香疗法，防病、健身、振奋精神。另外，精油能给人体以植物能量。

香薰油（Fragrantoil）：香薰油混合了其他成分的精油或石化合成香料，着重于香味的作用。

香水（Perfume）：酒精中掺上大部分合成香料和很少的天然香料混合而成。

尤加利精油面膜

材料：尤加利精油2滴，柠檬精油1滴，茶树精油2滴，葡萄子精油10毫升。

轻松DIY

将以上材料混合，搅拌均匀。

使用方法：

（1）洁面后，将尤加利精油面膜涂抹在脸上。

（2）轻轻按摩3分钟。

（3）10分钟后用温水洗净即可。

适用肤质：

痤疮肌肤。

美丽功效：

深层清洁肌肤，有效改善痤疮肤质。

护肤小提示

以下配方也有此功效：

尤加利精油1滴，薰衣草精油1滴，茶树精油1滴，葡萄子精油7毫升，芦荟油3毫升。

知识补给站

什么是基础油

基础油（baseoil或carrieroil），也有人称之为媒介油。大多数的精油无法直接抹在肌肤上（除薰衣草和茶树外），它们必须在基础油中稀释后，才可以广泛地用于人体肌肤。

基础油是取自植物的花朵、坚果或种子的油，有好几百种植物的种子可以生产出油。可拿来作基础油的植物油，必须是不会挥发且未经过化学提炼的植物油，例如甜杏仁油、杏桃仁油、酪梨油、荷荷巴油、小麦胚芽油等。这类油脂富含维生素D、维生素E与碘、钙、镁、脂肪酸等，可借其稀释精油，能协助精油迅速被肌肤吸收。

芳香疗法使用的基础油是以冷压萃取的，冷压萃取的植物油可以将植物中的矿物质、维生素、脂肪酸保存良好，没有流失，具有优越的滋养特质。

玫瑰精油面膜

材料：玫瑰精油1滴，檀香精油1滴，洋甘菊精油1滴，橙花精油1滴，荷荷巴油10毫升。

轻松DIY

将以上材料混合，搅拌均匀。

使用方法：

（1）洁面后，将玫瑰精油面膜涂抹在脸上。

（2）轻轻按摩3分钟。

（3）10分钟后用温水洗净即可。

适用肤质：

干性皮肤。

护肤小提示

以下配方也有此功效：

玫瑰精油2滴，橙花精油2滴，迷迭香精油1滴，荷荷巴油10毫升。

美丽功效：

深层滋润干燥肌肤，对肌肤脱皮有较好疗效。

知识补给站

如何选择基础油

1. 以肤质选择：

油性皮肤适合：甜杏仁油、杏桃仁油、荷荷巴油；

干性皮肤适合：酪梨油、小麦胚芽油；

敏感性皮肤适合：甜杏仁油；

老化性肌肤适合：小麦胚芽油；

皱纹出现的肌肤适合：酪梨油；

痤疮肌肤适合：荷荷巴油。

2. 以使用范围选择：

可以涂抹在全身的有：甜杏仁油、杏桃仁油；

可以涂抹在脸部的有：甜杏仁油、杏桃仁油、荷荷巴油；

问题肌肤局部使用的有：小麦胚芽油、酪梨油。

鼠尾草精油面膜

材料：鼠尾草精油1滴，薰衣草精油1滴，佛手柑精油1滴，杜松精油1滴，葡萄子油10毫升。

轻松DIY

将以上材料混合，搅拌均匀。

使用方法：

（1）洁面后，将鼠尾草精油面膜涂抹在脸上。

（2）轻轻按摩3分钟。

（3）10分钟后用温水洗净即可。

适用肤质：

油性肌肤。

美丽功效：

能深层清洁肌肤，促进细胞再生，对发炎和肿胀的肌肤十分有益。

护肤小提示

将2滴鼠尾草精油滴入适量温水中，浸湿毛巾，拧干，敷于面部，并按压面部穴位，重复7～8次，可平衡油脂分泌，改善毛孔粗大。

洋甘菊精油面膜

材料：洋甘菊精油2滴，薰衣草精油1滴，橙花精油1滴，荷荷巴油10毫升。

轻松DIY

将以上材料混合，搅拌均匀。

使用方法：

（1）洁面后，将洋甘菊精油面膜涂抹在脸上。

（2）轻轻按摩3分钟。

（3）10分钟后用温水洗净即可。

适用肤质：

敏感性皮肤。

美丽功效：

舒缓、滋润肌肤，缓解过敏现象。

护肤小提示

以下配方也有此功效：

（1）洋甘菊精油2滴，薰衣草精油1滴，檀香精油1滴，甜杏仁油10毫升。

（2）洋甘菊精油3滴，玫瑰精油2滴，葡萄子精油10毫升。

（3）洋甘菊精油2滴，橙花精油2滴，玫瑰精油1滴，甜杏仁油10毫升。

（4）洋甘菊精油1滴，荷荷巴油8毫升，甜杏仁油2毫升。

知识补给站

精油直接涂敷法

精油可用于肌肤表面的受伤等问题。例如：薰衣草精油可直接用于烫伤的肌肤。

将患处先清理干净，擦干后，直接涂在患处，小瘢痕则可使用木（竹）杆棉花棒（避免使用塑料杆的棉花棒）涂抹。未经稀释的精油不可直接涂于较大面积的肌肤上，还需注意避免精油进到眼睛里。

每一种肌肤表皮上的问题，都有两种以上的精油可以选择，首先可依个人体质来选择，若症状在3天后仍无明显的改善，必须换另外一种精油。

薰衣草精油面膜

材料：薰衣草精油1滴，佛手柑精油1滴，茉莉精油2滴，甜杏仁油10毫升。

轻松DIY

将以上材料混合，搅拌均匀。

护肤小提示

以下配方也有此功效：

薰衣草精油2滴，橙花精油2滴，尤加利精油1滴，甜杏仁油10毫升。

使用方法：

（1）洁面后，将薰衣草精油面膜涂抹在脸上。

（2）轻轻按摩3分钟。

（3）10分钟后用温水洗净即可。

适用肤质：

中性皮肤。

美丽功效：

深层滋润肌肤，使肌肤细腻、柔软，有光泽。

知识补给站

精　油　吸　入　法

人类的嗅觉非常敏感，吸入香薰精油的气味，由鼻腔传入，再传到身体各器官，能焕发精神、醒脑健身，同时也是治疗呼吸系统疾病最直接有效的方法。精油吸入法如下：

1. 室内吸入法

将近沸腾的热水注入玻璃、陶瓷或不锈钢的容器（洗脸盆、碗或杯子）中，滴入精油，以大毛巾或衣服盖住后脑，俯身于容器上方，以口、鼻交替呼吸直到感觉舒适为止，可治疗感冒（尤加利精油、柠檬精油）及呼吸道感染，也可提神醒脑、控制情绪。

2. 简便吸入法

将精油滴在面纸或手帕上，盖住鼻孔呼吸，开会、驾车，搭乘飞机、车、船或上课时皆可使用。长途开车的人嗅觉容易疲乏，要准备2~3种精油，交替使用才能发挥更佳的功效（薄荷精油、罗勒精油、迷迭香精油等很有效）。

肉桂精油面膜

材料：肉桂精油2滴，檀香精油1滴，茶树精油2滴，荷荷巴油10毫升。

轻松DIY

将以上材料混合，搅拌均匀。

使用方法：

（1）洁面后，将肉桂精油面膜涂抹在脸上。

（2）轻轻按摩3分钟。

（3）10分钟后用温水洗净即可。

适用肤质：

痤疮肌肤。

护肤小提示

以下配方也有此功效：

依兰精油1滴，鼠尾草精油2滴，薰衣草精油2滴，荷荷巴油10毫升。

美丽功效：

有调节皮脂分泌的功效，能适度调节激素分泌并净化肌肤，温和治疗痤疮。

知识补给站

精油喷雾法

一次使用两三种不同的精油，可以增加香味的丰富性，还可以使疗效加强；对于一些气味不好却具有特殊疗效的精油，可借其他芳香精油的香气来调和气味，让人在使用时更为舒适。

一般说来，作为芳香喷雾的精油，挥发速度分高、中、低三种，可自由选择调配。

挥发速度较快的精油有罗勒、佛手柑、马尾草、桉、茴香、葡萄柚、柠檬、香茅、薄荷、迷迭香、茶树精油等，这些精油多半具有振奋精神、刺激情绪的功能，香味通常可以维持3~24小时。

挥发速度中等的精油有甘菊、桧树、天竺葵、杜松、薰衣草、松木、橙、玫瑰、百里香等，这些精油多半能够影响新陈代谢与生理机能，香味通常可维持2~3天。

挥发速度很慢的精油有西洋杉、乳香、茉莉、马荷兰、没药、橙花、广藿香、檀香、伊兰精油等，这些精油多半具有松懈与镇静效果，香味可维持一周左右。

需要配合疗效调配精油时，还需要注意每一种精油之间的功能是否互相抵触，如果有抵触的话，非但不能事半功倍，还可能会出现相反的效果。通常同类的不同精油在调和时都有不错的效果。

丝柏精油面膜

材料：丝柏精油2滴，天竺葵精油2滴，依兰精油1滴，荷荷巴油10毫升。

轻松DIY

将以上材料混合，搅拌均匀。

使用方法：

（1）洁面后，将丝柏精油面膜涂抹在脸上。

（2）轻轻按摩3分钟。

（3）10分钟后用温水洗净即可。

适用肤质：

油性皮肤和混合性皮肤。

美丽功效：

收敛毛孔，帮助清除过剩皮脂，调节皮脂分泌。

护肤小提示

以下配方也有此功效：

佛手柑精油3滴，紫罗兰精油1滴，玫瑰精油1滴，荷荷巴油10毫升。

乳香精油面膜之一

材料： 乳香精油1滴，玫瑰精油3滴，依兰精油1滴，小麦胚芽油10毫升。

轻松DIY

将以上材料混合，搅拌均匀。

使用方法：

（1）洁面后，将乳香精油面膜涂抹在脸上。

（2）轻轻按摩3分钟。

（3）10分钟后用温水洗净即可。

适用肤质：

任何肤质。

美丽功效：

可促进新陈代谢、增强保湿能力，滋润肌肤，淡化细纹。

护肤小提示

以下配方也有此功效：

檀香精油2滴，玫瑰精油3滴，葡萄子油10毫升。

知识补给站

精油的功效（一）

1. 迷迭香精油（适合油性、混合性肤质）

美容疗效：预防皱纹，清洁肌肤，去除头皮屑，润泽发丝。

情绪疗效：振奋精神，消除疲劳，集中注意力。

注意事项：孕妇、高血压者勿用。

2. 紫檀木精油（适合混合性、敏感性皮肤）

美容疗效：预防皱纹，净化肌肤，保湿润泽，促进细胞再造，消除黑眼圈。

情绪疗效：抗沮丧，治疗失眠，安抚情绪，催情。

注意事项：敏感肤质者不适用。

3. 薄荷精油（适合油性肤质）

美容疗效：净化肌肤，平衡油脂分泌，排毒，消除黑头粉刺，收缩微血管。

情绪疗效：振奋精神，安抚情绪，消除疲劳，集中注意力。

注意事项：孕妇、哺乳期忌用。

乳香精油面膜之二

材料： 乳香精油5滴，鼠尾草精油10滴，橙花精油5滴，柠檬精油10滴，葡萄子油30毫升。

轻松DIY

将以上材料混合，搅拌均匀。

使用方法：

（1）洁面后，将乳香精油面膜涂抹在脸上。

（2）轻轻按摩3分钟。

（3）10分钟后用温水洗净即可。

适用肤质：

任何肤质。

美丽功效：

加速色素分解代谢，淡化斑点，去除瘢痕，消除妊娠纹及肥胖者因松弛产生的橘皮组织，恢复肌肤健康，重塑美丽。

知识补给站

精油的功效（二）

4. 茉莉精油（适合敏感性、干性皮肤）
美容疗效：保湿，改善敏感肤质，消除妊娠纹及瘢痕。
情绪疗效：催情，促进活力，舒解压力。

5. 百里香精油（适合痤疮肌肤）
美容疗效：促进肌肤新陈代谢，促进淋巴排毒，防止脱发，改善皮炎。
情绪疗效：振奋精神，加强意志力，安抚衰弱神经，治疗失眠症。
注意事项：孕妇忌用。

6. 橙花精油（适合干性、敏感性及成熟皮肤）
美容疗效：美白，保湿，改善敏感肤质，消除妊娠纹及瘢痕，促进细胞再生。
情绪疗效：催情，安抚沮丧，抗忧郁，安眠。

7. 肉桂（适合油性皮肤）
美容疗效：预防皱纹，治疗痤疮，减肥。
情绪疗效：抗忧郁，增进情欲，安抚沮丧心情。

茉莉精油面膜

材料： 茉莉精油1滴，乳香精油1滴，薰衣草精油1滴，荷荷巴油5毫升，甜杏仁油3毫升，芦荟油2毫升。

轻松DIY

将以上材料混合，搅拌均匀。

使用方法：

（1）洁面后，将茉莉精油面膜涂抹在脸上。

（2）轻轻按摩3分钟。

（3）10分钟后用温水洗净即可。

适用肤质：

干性皮肤。

美丽功效：

调理干燥肌肤，预防细纹产生。

知识补给站

精油的功效（三）

8．香茅精油（适合油性皮肤）

美容疗效：净化肌肤，改善敏感肌肤，调理油性皮肤。

情绪疗效：驱除沮丧，愉悦心情。

9．丁香精油（适合一般肌肤）

美容疗效：增强血液循环，抗感染，调理粗糙肌肤。

情绪疗效：增强意志力，振奋精神。

注意事项：孕妇、哮喘患者勿用。

10．广藿香精油（适合一般肌肤）

美容疗效：收敛毛孔，缓解痤疮、皮炎、瘢痕、过敏等症状。

情绪疗效：安抚沮丧，抗忧郁。

11．薰衣草精油（适合任何肌肤）

美容疗效：促进细胞再生，净化肌肤，改善毛孔阻塞，平衡油脂分泌，美白，改善瘢痕、晒伤、红肿，润泽发丝。

情绪疗效：安抚沮丧，抗忧郁，治失眠，消除疲劳，舒缓压力。

注意事项：孕妇、哮喘患者勿用。

茶树精油面膜

材料：茶树精油1滴，尤加利精油1滴，薰衣草精油1滴，葡萄子油5毫升，芦荟油5毫升。

轻松DIY

将以上材料混合，搅拌均匀。

使用方法：

（1）洁面后，将茶树精油面膜涂抹在脸上。

（2）轻轻按摩3分钟。

（3）10分钟后用温水洗净即可。

适用肤质：

暗疮肌肤。

美丽功效：

深层洁肤，预防和治疗暗疮，消炎祛痤疮。

护肤小提示

将5～6滴茶树精油直接滴在浴缸中，用手搅匀，全身浸泡10～15分钟，可美肤消炎。

知识补给站

精油的功效（四）

12. 杜松精油（适合油性皮肤）
美容疗效：平衡油脂分泌，改善毛孔阻塞，减肥，去除头皮屑。
情绪疗效：振奋精神。
注意事项：孕妇、严重肾病患者忌用。

13. 尤加利精油（适合油性、毛孔阻塞皮肤）
美容疗效：杀菌，缓解化脓、发炎症状，治疗痤疮，改善毛孔阻塞，促进血液循环。
情绪疗效：振奋精神，消除疲劳，集中注意力，冷静情绪。
注意事项：高血压、癫痫患者勿用。

14. 鼠尾草精油（适合油性皮肤）
美容疗效：平衡油脂分泌，治疗痤疮，美白肌肤，促进细胞再生，消除黑眼圈、妊娠纹、瘢痕。
情绪疗效：振奋精神，抗沮丧，舒缓压力、紧张，愉悦心情。
注意事项：喝酒前后勿用；孕妇、癫痫患者勿用。

15. 洋甘菊精油（适合干性、敏感性皮肤）
美容疗效：平复微血管扩张，消炎，净化肌肤，保湿，令肌肤富有弹性。
情绪疗效：舒解压力，松弛身心，抗忧郁，消除紧张。
注意事项：孕期勿用。

16. 没药精油（适合敏感性、干性性皮肤）
美容疗效：激活细胞，对干燥老化、脱皮、粗糙肌肤有明显改善。
情绪疗效：驱除沮丧，解压。
注意事项：孕妇勿用。

迷迭香精油面膜

材料：迷迭香精油1滴，杜松精油1滴，胡萝卜子精油1滴，荷荷巴油8毫升，月见草油2毫升。

轻松DIY

将以上材料混合，搅拌均匀。

使用方法：

（1）洁面后，将迷迭香精油面膜涂抹在脸上。
（2）轻轻按摩3分钟。
（3）10分钟后用温水洗净即可。

适用肤质：

任何肤质。

美丽功效：

祛皱、洁肤、瘦脸，美化面部轮廓。

护肤小提示

（1）将5滴迷迭香精油注入浴缸中搅匀，用于沐浴能促进皮肤新生。

（2）在10毫升基础油中滴入5滴迷迭香精油，轻柔按摩皮肤，能去瘢、收敛皮肤。

知识补给站

精油面膜的优点（与中草药相比）

1. 快速渗透

精油的小分子结构只有中草药大分子结构的1/50，如果渗透平均1毫米的脸部肌肤，中草药大分子结构需要大约10分钟，而精油的小分子结构只需30～60秒。

2. 吸收率高

中草药大分子结构挥发性差，只有15%被肌肤吸收；而精油的挥发性极强，肌肤吸收率可达90%以上。

3. 功效显著

与中草药相比较，成分活跃的精油通过香薰作用能渗透到肌肤深层，经血液运送氧气、水分、营养给细胞，强烈激活细胞，整体改善肌肤状态，使肌肤得到再生修复，从源头上阻断和解决了女性脸部肤色暗沉、肤质粗糙、皱纹、色斑、松弛、痤疮等诸多问题。

佛手柑精油面膜

材料：佛手柑精油1滴，肉桂精油1滴，薰衣草精油1滴，葡萄子油5毫升，芦荟油5毫升。

轻松DIY

将以上材料混合，搅拌均匀。

使用方法：

（1）洁面后，将佛手柑精油面膜涂抹在脸上。

（2）轻轻按摩3分钟。

（3）10分钟后用温水洗净即可。

适用肤质：

油性皮肤和混合性皮肤。

美丽功效：

收缩粗大的毛孔，平衡油脂分泌。

护肤小提示

佛手柑精油1滴、茶树精油2滴、天竺葵精油2滴，注入一盆约八分满的热水中搅匀，再将脸浸泡在内可去痘美肤。

知识补给站

不同年龄的精油护肤配方

20岁的肌肤油脂分泌最旺盛，常会有痤疮、黑头困扰。精油面膜可帮助肌肤清洁，清洁过后，洗去面膜，肌肤将水润饱满，秘密就是精油在吸走油脂的同时还为肌肤补充了水分。

30岁的肌肤色素容易沉积，生成色斑。面膜中如果有提取自玫瑰、薰衣草、迷迭香等天然植物的精油，可以软化死皮，促进表皮细胞生长，淡化雀斑、黑斑，令肌肤柔滑细致，肤色透明均匀。

40岁进入不惑之年，体内的激素分泌大幅度降低，肌肤也随之松弛衰老。精油面膜中的有效成分随着血液循环而刺激沉睡细胞，能在收紧、平复皱纹的同时，在皱纹的凹位释放精油小分子，重组及强化肌肤表层，令肤质整体改善，更显年轻亮丽。

檀香精油面膜

材料：檀香精油1滴，洋甘菊精油1滴，柠檬精油1滴，荷荷巴油5毫升，甜杏仁油3毫升，小麦胚芽油2毫升。

轻松DIY

将以上材料混合，搅拌均匀。

使用方法：

（1）洁面后，将檀香精油面膜涂抹在脸上。

（2）轻轻按摩3分钟。

（3）10分钟后用温水洗净即可。

适用肤质：

任何肤质。

美丽功效：

祛除面部红血丝，修护受损肌肤。

护肤小提示

在10毫升基础油中滴入5滴檀香精油，轻柔地按摩皮肤，可调理老化肌肤，促进细胞再生，有明显祛除瘢痕的作用。

知识补给站

十二星座适用精油

1. 白羊座

玫瑰精油、尤加利精油和乳香精油，是特别适合白羊座特质的精油。玫瑰精油的优雅可以调和白羊座的快节奏，让白羊座多些浪漫慵懒的情调，放松紧绷的心情；尤加利精油略带刺激的味道可以强化白羊座的直觉，让头脑更加清醒，很适合白羊座的率性而为；乳香精油的纯朴香味和温暖气氛，能让心浮气躁的白羊座平静下来，对于事情的处理也能更加圆滑。

2. 金牛座

佛手柑精油、迷迭香精油和薰衣草精油都是很适合金牛座的精油。佛手柑精油华丽、明快的香味可以让严谨的金牛座充分放松心情，看事物的角度也更有弹性；迷迭香精油可以让金牛座的头脑更加灵活，行动更有效率；薰衣草精油则可以平缓内心的起伏不定，让金牛座的心情温和愉快，更能充分发挥丰沛的感知性和创造力。

3. 双子座

适合双子座的精油是迷迭香精油、薄荷精油与丝柏精油。迷迭香精油具有良好缓解疲劳的功效，可安抚双子座因为精神压力而紧绷的神经，放松僵硬的脖颈；薄荷精油可以令头脑更加清醒，也可以磨练感知性，让流行敏感高的双子座更具时尚品味；丝柏精油木质、辛辣的香味，能够帮助双子座多去倾听他人心事，体会他人心情，对于开拓交际圈，建立良好人脉网络，具有很好的效果。

汉方料理

杏仁面膜

材料：杏仁、蛋清适量。

轻松DIY

1 将杏仁以热水烫泡后去皮，再捣成泥。
2 加入蛋清，搅拌均匀。

使用方法：

（1）将杏仁面膜敷在脸上。

（2）20分钟后洗净。

（3）每日早晚各1次。

适用肤质：

任何肤质。

美丽功效：

杏仁能促进肌肤微循环，使肌肤红润光洁，祛除黑斑、黄褐斑、老年斑。

护肤小提示

将桃仁用开水浸泡后，去掉外皮，研成细泥状，用白蜜少许调成稀膏状。使用时取膏适量用温水化开，涂抹于面部，具有活血化淤、抗皱润肤的功效。

茯苓杏仁面膜

材料：茯苓、杏仁各5克，蛋清适量。

轻松DIY

1 将茯苓和杏仁磨成粉，搅匀。
2 加蛋清混合均匀。

使用方法：

（1）洁面后，将茯苓杏仁面膜涂在脸上。

（2）15分钟后，当脸上有敷料变干、肌肤紧实的感觉时，用温水洗净。

适用肤质：

任何肤质。

美丽功效：

茯苓和杏仁可以改善暗沉肤色、淡化斑点。

护肤小提示

将蜂蜜与白茯苓粉调成糊状，晚上睡前敷脸，清晨用清水洗去，既能营养肌肤又能淡化色素斑。

茯苓面膜

材料： 茯苓、白芷、当归、白芨、杏仁、紫河车各5克，蜂蜜适量。

轻松DIY

1. 将茯苓、白芷、当归、白芨、杏仁及紫河车磨成粉，搅匀。
2. 把这些药粉加适量的水，调成糊状，再加入蜂蜜混合均匀。

使用方法：

（1）洗净脸后将茯苓面膜涂在脸上。

（2）20分钟后用温水洗净。

适用肤质：

干性肤质。

美丽功效：

美白、除皱。

护肤小提示

油性皮肤可以用水代替蜂蜜。

知识补给站

开车族衣服防晒法

衣服的防晒能力首先取决于衣服的质地，其次是色泽。棉质衣服的SPF值大约为15～40；聚酯浅色衣服的SPF值大约为7～10；针织浅色衣服的SPF值大约为4～9。一件彩色的棉质T恤对紫外线的过滤效果要比白色的好，因此在驾车时穿上彩色的棉质衣服便可帮您自我保护。另外，对于裸露的臂部肌肤，轻薄的纱质披肩以及套袖是您的不错选择。

冬瓜子面膜

材料：冬瓜子、桃仁、蜂蜜各适量。

轻松DIY

1 将冬瓜子去皮取仁，并与桃仁一起研成细末。
2 将粉末与蜂蜜混合成膏状。

使用方法：

（1）每晚睡前可涂在雀斑处。
（2）第二天清晨洗去。
（3）3周为1个疗程。

适用肤质：

任何肤质。

美丽功效：

一般敷3周后，雀斑会逐渐变淡。

护肤小提示

治疗时要注意防晒。

知识补给站

激光美白法

激光美白的原理是不同颜色的组织对不同波长的激光吸收率不同，当这些特定波长的激光对色斑部位进行照射时，色斑部位的色素及血红蛋白受到破坏分解，当遭受破坏的组织逐渐被人体吸收，皮肤内的色素便得到去除。激光对于祛斑和消除黑眼圈非常有效。

李子仁面膜

材料：李子仁15克，蛋清1个。

轻松DIY

1 将李子仁研成细末。
2 将蛋清调入李子仁末即成。

使用方法：

（1）每晚睡前均匀敷在脸上。

（2）第二天早晨用清水洗去。

美丽功效：

李子仁含果酸和维生素E，有祛斑和养颜的作用。

知识补给站

李子仁的功效

历来医学家便十分推崇李子仁敷面的美容功效，清末民初的著名医学家陈邦贤专门对李子仁做过研究，证明其调鸡蛋清有祛斑效果。

珍珠粉面膜

材料：珍珠粉1克，面霜100克。

轻松DIY

将面霜和珍珠粉以100:1的比例混合，调成糊状。

使用方法：

（1）洗净脸后涂于面部，轻轻按摩。

（2）2小时后洗净。

（3）每晚1次，每次2小时，1～3个月为1个疗程。

适用肤质：

任何肤质（中年人尤为适用）。

美丽功效：

经常使用自己调制的护肤品，需要特别注意材料用量的把握，若营养物质过多，超过肌肤吸收的极限，不但会造成浪费，甚至可能产生脂肪粒。另外，如果选择的面霜不适合自己的肌肤，会伤害肌肤。

知识补给站

肌肤松弛的原因

（1）细胞与细胞之间的纤维随着时间而退化，使肌肤失去弹性。

（2）皮下脂肪流失，使肌肤失去支持而松弛下垂。

（3）支持肌肤的肌肉松弛，也会使肌肤随之松弛，下颚肌肉松弛（即双下巴）就是例证。

（4）除了肌肤老化使肌肤松弛，其他因素如地心引力、遗传、精神紧张、阳光暴晒及吸烟也会使肌肤结构转化，导致皮肤失去弹性而松弛。

黄连粉面膜

材料：黄连粉3克，面霜100克。

轻松DIY

将面霜和黄连粉以100:3的比例混合，调成糊状。

使用方法：

（1）洗净脸后涂于面部，轻轻按摩。

（2）2小时后洗净。

（3）每晚1次，每次2小时，1～3个月为1个疗程。

适用肤质：

任何肤质。

美丽功效：

可治疗毛孔粗大和皮肤炎症。

护肤小提示

（1）黄连粉和丝瓜水调和，制成面膜，有杀菌、解毒、收敛、抑制皮脂腺过度分泌，防止痤疮生长的作用。

（2）最好以正规商场出售的合格化妆品作为主要护肤产品，而将自制护肤品作为调剂，每个月用上3～5天。

白芷面膜

材料：白芷10克，白附子10克，纯净水、蜂蜜各适量。

轻松DIY

1 将白芷和白附子一起研成细末。

2 加水和蜂蜜调匀。

使用方法：

（1）将白芷面膜敷在脸上。

（2）20分钟后洗净。

适用肤质：

任何肤质。

美丽功效：

祛皱、消斑、增白，适用于面部色素沉着或黄褐斑患者。

白芷菊花面膜

材料： 白芷12克，菊花6克，食盐2克，白醋6毫升。

轻松DIY

1 菊花研成细粉末，备用。
2 在食盐、白芷和菊花粉中加入白醋和清水，调成糊状。

使用方法：

（1）睡前敷在脸部。

（2）30分钟后洗干净。

适用肤质：

敏感性皮肤慎用。

美丽功效：

配方中食盐解毒、清洁肌肤；白芷活血化斑，菊花抗菌美容，白醋化斑白肤。药食相配，可以有效祛除面部色素斑。

芦荟黄芪当归面膜

材料： 芦荟30克，黄芪、当归各10克。

轻松DIY

1 将芦荟削去外皮和刺，只留肉的部分，捣成浆。
2 黄芪和当归磨成粉，混合在一起。
3 将芦荟和中药粉加少量水调成糊状。

使用方法：

（1）洗净脸，将芦荟黄芪当归面膜均匀敷在脸上。

（2）15分钟后用温水洗净。

适用肤质：

除敏感性皮肤外的任何肤质。

美丽功效：

黄芪含有多种氨基酸、甜菜碱、叶酸、生物碱及人体必需的微量元素，具有扩张血管、改善肌肤的营养、防治脱发、促进毛发生长的作用，是美容美发配方中常用药物之一；当归是极好的美容抗衰老药物，其所含的多种氨基酸、维生素，能为人体皮肤、毛发提供多种营养，以减缓皱纹、白发的出现；芦荟有消炎镇静的功用，还可以祛除痤疮和瘢痕。

丹参面膜

材料：丹参2～3片，白芷、白芨、桃仁、淮山各5克。

轻松DIY

1 将白芷、白芨、桃仁、淮山磨成粉，混合均匀。
2 把丹参用 50 毫升热水浸泡 20 分钟，沥出汁来。
3 将中药粉与丹参汁混合成糊状。

使用方法：

（1）洗净脸后，将丹参面膜涂在脸上。

（2）20分钟后用温水洗净。

适用肤质：

任何肤质（中年人尤为适用）。

美丽功效：

丹参能促进血液循环，配合白芷更能有效去皱、除斑，修护晒后肌肤。

艾叶面膜

材料：艾叶30克，小桉树大叶40克，侧柏叶25克，白芷12克，白茯苓15克，白僵蚕13克。

轻松DIY

1 将上述药物用水冲洗干净，剪碎，放入大砂锅内。
2 加水适量，用文火煎煮 5 ～ 6 小时后，滤出药液。
3 将药液继续煎煮成稀糊状即可。
4 取一消毒好的大口瓶将糊剂放入备用。

使用方法：

（1）搽之前，先用湿热毛巾敷面5～10分钟，然后用消

护肤小提示

使用期间，忌用其他化妆品搽面，避免日光暴晒；忌饮酒及辛辣性食物，忌吃鱼、虾、羊、牛、鸭肉等；少吃甜食，多吃新鲜蔬菜及水果，保持大便通畅。

毒棉球蘸糊剂涂于斑痕部位。

（2）每日早晚各涂1次。一般搽药5天后见效，20～25天后即可收到理想的效果。

适用肤质：

任何肤质。

美丽功效：

祛斑。

知识补给站

自测肌肤老化程度

改善肌肤先要了解肌肤的状况，专家介绍，自测可以从三方面进行：

1. 肤色

每天早晨，清洁肌肤后仔细观察脸部，看肤色是否有黯淡的迹象。

2. 弹性

观察双侧脸颊是否松弛，如是，则表示肌肤缺乏弹性。

3. 皱纹

觉得脸部干燥时，观察眼睛外侧的肌肤，如果看到有线状的细纹，那就表示肌肤已经出现深度老化的痕迹。

此外，肌肤老化的特征还有：黑头粉刺、瑕疵、血管破裂、干燥、毛孔粗大、黑眼圈、眼袋、多毛、黑痣、色素沉着、老年斑及光泽度受损等。

益母草面膜

材料：益母草20克，黄瓜1条，蜂蜜适量。

轻松DIY

1. 将益母草碾为粉末，黄瓜榨汁。
2. 在黄瓜汁内加入益母草粉末和蜂蜜，调匀。

使用方法：

（1）晚上洗脸后将益母草面膜敷在脸上。

（2）待面膜干燥后洗去。

适用肤质：

油性肤质尤佳。

美丽功效：

消炎，清除暗疮。

知识补给站

针清暗疮注释

医生及美容师一般都不赞成自行用针清方法处理暗疮，因为如果处理不得其法，会令毛孔和肌肤受损害，留下永久性的瘢痕。黑头、酒糟鼻、初期发炎的暗疮都不需要用针清方法，除非暗疮已成熟，即有明显白色的脓头在肌肤表皮上，才可以针清。针清时下针必须准确，切勿手抖，否则可能严重伤害肌肤。

针清暗疮步骤

(1)针清前必须清洁面部，将毛孔扩开，清除表面油脂。

(2)暗疮针必须事先加热消毒，针放在100℃的沸水中约5分钟，取出后再用酒精消毒。

(3)暗疮患处宜用纸巾或化妆棉吸干水分。

(4)暗疮针45度斜放在暗疮患处，在有脓的患处轻轻一刺。

(5)两手食指用纸巾包裹着，放在暗疮口旁轻轻挤压。

(6)将脓挤出之后，应立即停止挤压。

(7)用棉花棒蘸上茶树油或含杀菌成分的爽肤水，涂在伤口患处。

(8)涂上消炎用的暗疮药。

白僵蚕面膜

材料：白僵蚕20克，水30毫升。

轻松DIY

1 将白僵蚕晒干，研成粉末。

2 用清水将白僵蚕粉调成糊状。

使用方法：

（1）每晚洁面后敷脸。

（2）第二天早晨用温水洗净。

美丽功效：

有祛除黄褐斑，淡化老年斑、晒斑的功效。

护肤小提示

（1）一般中药店都有研磨机，研末的时候一定要研3遍才够细。

（2）每个人肤质不同，白僵蚕有小毒，个别人可能会过敏，需慎用。

知识补给站

白僵蚕的功效

《神农本草经》载：白僵蚕有“灭黑斑，令人面色好”的功效。有研究显示，白僵蚕含有氨基酸，有营养肌肤和美容作用；白僵蚕所含蛋白质有刺激上皮脂腺，调节性激素分泌的作用，因而对女性因性激素分泌失调引起的黄褐斑有一定疗效；白僵蚕还含维生素E，能清除自由基，抗脂质氧化形成的老年斑；其所含的活性丝光素能促使肌肤细胞新生，调节皮脂，改善肌肤微循环，可增白防晒，消除色素沉着，保持肌肤弹性。

双白面膜

材料： 白芷、白敛、茯苓、苡仁、绿豆各5克。

轻松DIY

1. 白芷、白敛、茯苓、苡仁、绿豆分别磨成粉，混合在一起。
2. 将中药粉加适量的水调成糊状。

使用方法：

（1）洗净脸后将混合的敷料涂于脸上。

（2）轻轻按摩3分钟。

（3）20分钟后用温水洗净。

适用肤质：

任何肤质。

美丽功效：

消炎，治疗肌肤过敏和痤疮，使肌肤变得白皙无瑕。

玉黄膏

材料： 当归30克，白芷9克，姜黄90克，甘草30克，轻粉6克，冰片6克，蜂白蜡90～125克，香油适量。

轻松DIY

1. 将当归、白芷、姜黄、甘草在香油中浸泡3天。
2. 把浸泡好的药材在炉火上熬至枯黄，离火去渣。
3. 冰片研成细末。
4. 在去渣的药材中，加入轻粉、冰片末，搅拌均匀。
5. 加蜂白蜡溶化（夏天加125克，冬天加90克），调成膏状。

使用方法：

（1）将玉黄膏均匀敷在脸上。

（2）20分钟后洗净。

适用肤质：

任何肤质。

美丽功效：

润肤止痒，治皲裂。

玉容散

材料：绿豆100克，荷花瓣10克（晒干），滑石、白芷、白附子、冰片、密陀僧各3克。

轻松DIY

1 把上述材料混合，碾成细末。
2 取粉末 5 克，加水调成糊状，即成玉容散。

使用方法：

（1）将玉容散涂在脸上有雀斑的地方。

（2）20分钟后洗净。

适用肤质：

任何肤质。

美丽功效：

祛风活血，清热解毒，治雀斑。

护肤小提示

本方适应范围广，不仅能治疗雀斑，而且对痤疮、酒糟鼻等均有一定的治疗作用。

白面方

材料：牡蛎90克，土瓜根30克，白蜜适量。

轻松DIY

1 先将牡蛎烧成粉，再将土瓜根研成细末。
2 用白蜜把两种粉末调和成膏状。

使用方法：

（1）每天晚上洗净脸后，把此膏涂在脸上。

（2）第二天早晨用温水洗去。

适用肤质：

任何肤质。

美丽功效：

可以使肌肤白皙。

青木香面膜

材料：青木香、白附子、白蜡、白芷、零陵香、薰衣草、香附子各60克，白茯苓、甘松各30克，羊髓750克，白酒、水各250毫升。

轻松DIY

1 将以上药物切碎。
2 白酒与水混合，把药浸在此溶液中一夜。
3 煎药，直到此溶液快蒸发完为度，注意不要煎糊。
4 滤去药渣，把药膏放在瓷制容器中，备用。

使用方法：

（1）每天晚上洁面后，把此膏涂在脸上。

（2）第二天早晨用温水洗去。

适用肤质：

任何肤质。

美丽功效：

增加肌肤光泽，防皱，兼治面部色斑等。

防风面膜

材料：防风、零陵香（薰衣草）、藁本各60克，白芨、白附子、花粉、绿豆粉、甘松、三奈、茅香各15克，去皮皂荚、蜂蜜各适量。

轻松DIY

1 将所有药研成细末。
2 将药末用蜂蜜调匀，装瓶密封备用。

使用方法：

随时涂擦面部。

适用肤质：

因方中含有皂荚，故尤宜于油性皮肤。

美丽功效：

祛风通中，祛除雀斑。

薰衣草绿豆面膜

材料： 绿豆粉40克，薰衣草精油1滴，乳酪10克，纯净水适量。

轻松DIY

1 将绿豆粉、乳酪倒入面膜碗中。
2 滴入薰衣草精油，加入适量纯净水。
3 用面膜棒充分搅拌，调成均匀的糊状即成。

使用方法：

洁面后，将调好的面膜涂抹在脸上，避开眼部、唇部四周的肌肤，15分钟后用温水洗净即可。

适用肤质：

任何肌肤。

美丽功效：

能促进受损细胞修复更新，令肌肤水嫩白皙。

甘草米汤面膜

材料： 甘草粉20克，大米50克。

轻松DIY

1 将适量大米浸在水中淘洗，然后将第一次的淘米水取出约1杯，置于锅中加热煮沸，直至淘米水浓缩剩下一半甚至更少量。
2 将甘草粉、米汤一同放入碗中，用面膜棒充分搅拌均匀即可。

使用方法：

洁面后，将调好的面膜涂抹在脸上，避开眼部、唇部四周的肌肤，15分钟后用温水洗净即可。

适用肤质：

任何肌肤。

美丽功效：

对损伤皮肤有修复作用。

第六节 按摩膏

按摩是一种古老的传统疗法，它和中医理论是一致的，都是以阴阳五行、脏腑经络、营卫气血等理论为基础，从整体观念出发，通过不同手法以及力量的强弱，直接刺激人体的穴位和经络，并把这些有效的刺激传达到内脏或患处，收到平衡阴阳、调和气血、祛风除湿、活血化瘀等治疗作用。

每个人都想使自己的皮肤保持亮丽、年轻，要做到这一点，除了用化妆品护肤之外，最行之有效的方法就是定期做面部按摩，目前多数美容学者、专家认为按摩之功效占整个皮肤护理功效的60%。面部按摩法简单易行，若能持之以恒，可延缓皮肤衰老，达到长葆青春的目的。

面部按摩好处

（1）使表面坏死的细胞及残留物松散、容易清除；帮助皮肤吸收养分，促进血液循环和新陈代谢。

（2）保持皮下组织的脂肪细胞活力，使肌肤紧实，减缓皮肤老化速度。

（3）有助于消耗组织内过多的液体，减少皮肤发生膨胀及下陷的情形。

（4）均衡皮脂的分泌，维持细胞的适当水分，改善肤质，使皮肤更滋润。

（5）肌肉纤维得以更加健全，更好地吸收营养。

（6）使紧张的肌肉松弛，减轻肌肉的疼痛；使面部神经得到休息，使肌肤恢复活力。

面部按摩禁忌

1

严重暗疮肌肤，特别是有大面积脓包症状的皮肤，因为按摩会使细菌扩散，对皮肤造成更严重的伤害，甚至留下永久的瘢痕。

2

急性过敏的肌肤，如花粉性过敏症，以及由于护肤品使用不当所突发的排斥性过敏等，都不适合做面部按摩，否则会诱发或加重症状。

3

毛细血管破裂的肌肤，大都天生非常脆弱，对绝大部分护肤产品都过敏，按摩只会加重症状。

4

由于晒伤或脱皮引起大面积红血丝和角质层严重受损的肌肤，应等待皮肤恢复正常状态后再进行面部按摩。

面部按摩与按摩膏

面部按摩时间必须视肌肤的性质、状况和年龄来决定。干性皮肤多按摩，油性皮肤少按摩。通常，油性皮肤每周按摩5~10分钟，中性皮肤10~15分钟，干性皮肤15~20分钟，过敏性肌肤最多5分钟或不按摩。如果是老年人，视肤质各增加5分钟。最好每周有固定按摩及敷面时间。

进行面部按摩时最好使用按摩膏。按摩膏不但可以使按摩时润滑，摩擦柔和，而且还可以吸收按摩时所产生的热量，使毛孔张大，发挥出色的清洁效果，可清除化妆品残余物、毛孔中代谢物及日常接触污染物；按摩膏多添加了各种有益肌肤的营养成分，有活化肌肤的功效，能促进肌肤新陈代谢，使肌肤柔滑亮丽，富有透明感。因此，按摩膏是面部肌肤养护不可缺少的，但一定要根据肌肤性质选择按摩膏。高效能的按摩膏体积细小，不但能经肌肤渗入人体，还可借着按摩来达到彻底渗透的效果，兼而起到养肤护肤作用，甚至达到健身的长远目的。

面部按摩与中医知识

1 面部穴位名称及其功能

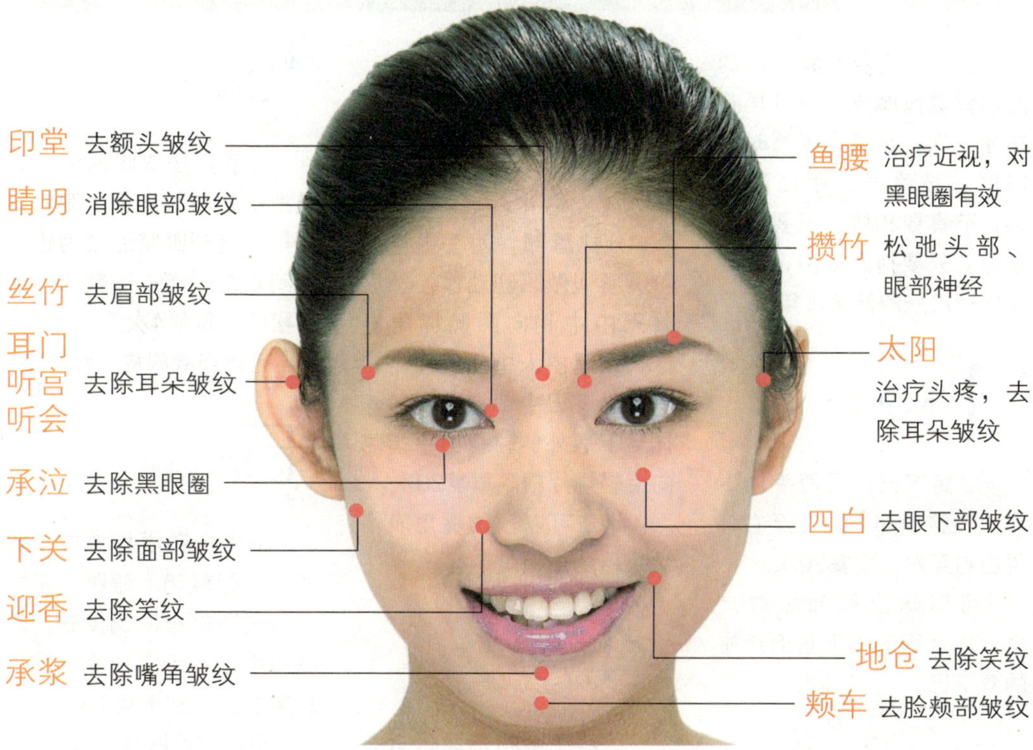

2 暗疮的生长部位与脏腑的关系

以鼻子为界，鼻子以上为面部上，鼻子以下为面部下：

面部上——肝、肺　　面部下——脾、胃

3 面部穴位与内脏之间的关系

眼袋——胆　　印堂——肺　　鼻尖——脾　　面颊——肾

鼻梁——肝　　鼻翼——胃　　上唇——子宫、卵巢

另外，美容按摩手法也十分重要，一般的按摩手法包括推、拿、按、摩、点、揉、掐、捏、摇、滚……不同的按摩手法的作用不尽相同，但无非包括除皱健肤、通经活络、疏风驱寒和清除热痛等常见功能。

常用的功能性面部按摩法

以下是适合家庭使用的面部保健按摩操，每日早晚按摩一次，也可在闲暇时间按摩。按摩时，手法要轻柔，节奏要和缓，不要用力摩擦。只要持之以恒，一定能保持皮肤的健美、年轻。

1 下巴

抬高下巴，用两手由下向上轻抹颈部，由左至右，再由右至左。重复20次。

可以防止颈部皱纹产生，以及因肌肉下垂而产生的双下巴。

2 面颊

稍微鼓起颊部，用两手轻轻拍打两侧颊部，拍打数次，至面颊皮肤微微泛红为止。

可以使面颊肌肉紧实，不易松弛。

3 嘴角

分抹唇部，两手中指沿着嘴唇边做画圈动作，然后分别由中间向两侧嘴角轻抹，上唇由人中抹至嘴角，下唇由下巴中部抹至嘴角，抹至下唇外侧时，两手指略向上轻挑片刻。重复20次。

此法可以预防嘴角表情皱纹，防止嘴角下垂。

4 鼻子

用两手中指指腹，自鼻翼两侧外展推按鼻唇沟部位，然后两手中指沿鼻梁正中上下推抹。重复20次。

可以使鼻息通畅，也可预防鼻部产生黑头。

5 眼皮

用手轻按双眼两侧，轻轻把皮肤和肌肉朝太阳穴方向拉，直到眼睛绷紧为止，其间双眼一闭一张数次，然后松手。重复4次。

可以消除眼皮皱纹。

6 眼角

将食指和中指按在双眼两侧，轻轻闭上眼睛，手指向斜上方轻推眼侧皮肤；然后用中指、无名指交替抻拉鱼尾纹。分别重复6次。

可以防治眼角皱纹。

7 下眼睑

两手拇指按于太阳穴上，用食指第二节的内侧面

分别从里到外，刮上下眼眶。上眼眶从眉头到眉梢为一次；下眼眶从内眼角到外眼角为一次。先上后下，一圈为两次，共做20次。

可以消除眼睛的疲劳，预防眼部产生皱纹，预防眼袋的出现，也有助于预防颊部皮肤松弛。

8 前额

用两手中指、无名指在前额画圈，方向是向上向外，从前额中部眉心开始，分别画至两侧太阳穴，然后用两手食指点压太阳穴。重复20次。

可以预防前额皱纹的出现。

天然按摩膏自制配方

百合按摩膏

汉方料理

材料：百合粉3匙，蜂蜜1匙。

轻松DIY

将百合粉、蜂蜜调匀成糊状即可。

使用方法：

（1）洁面后，用百合按摩膏涂抹面部。

（2）轻轻按摩1分钟后，在痤疮的部位再次涂抹，轻轻按摩患处周围肌肤。

（3）用清水洗净。

适用肤质：

油性皮肤。

美丽功效：

百合具有清热、解毒、美白的作用，能有效治疗痤疮，恢复肌肤健康亮丽。

杏仁按摩膏

材料：杏仁粉3匙，蜂蜜1匙。

轻松DIY

将杏仁粉、蜂蜜调匀成糊状即可。

使用方法：

（1）洁面后，用杏仁按摩膏涂抹面部。

（2）轻轻按摩面部肌肤。

（3）用清水洗净。

适用肤质：

任何肤质。

美丽功效：

美白、去皱。

荟萃经典

细盐按摩膏

材料：细盐5克。

使用方法：

（1）洗净脸后，用细盐涂抹面部。

（2）轻轻按摩后休息3分钟。

（3）在鼻翼两侧和分泌油脂旺盛的“T”字区，用中指指腹由下向上做挤压式按摩。

适用肤质：

最适合油性皮肤，敏感性皮肤慎用。

美丽功效：

控油效果明显。

白米饭按摩膏

材料：刚蒸好的米饭20克。

轻松DIY

香喷喷的米饭做好后，挑较柔软部分揉成团。

使用方法：

（1）趁热（不烫为宜）将米饭在面部轻揉，把肌肤毛孔内的油脂、污物吸出，直到米饭团变得油腻污黑。

（2）用清水洗净脸。

适用肤质：

任何肤质。

美丽功效：

可使肌肤呼吸通畅，减少皱纹。

豆腐酵母按摩膏

材料：豆腐50克，酵母粉15克。

轻松DIY

1. 将豆腐放在碗中捣碎。
2. 加入酵母粉，调成糊状。
3. 将面膜静置 12 小时，让豆腐和酵母粉充分融合。

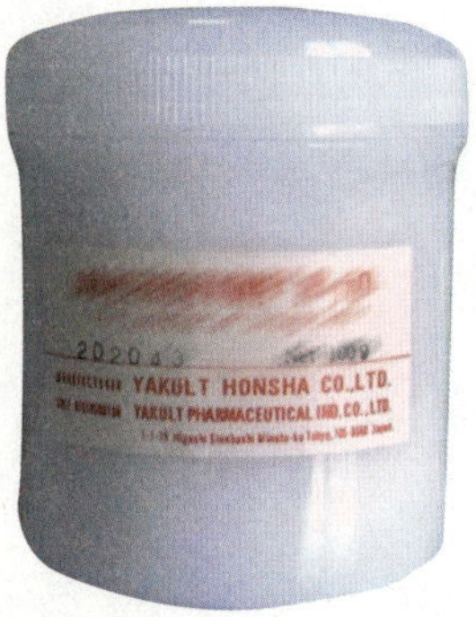

使用方法：

（1）将少量面膜用指腹均匀涂于脸上，避开眼部及唇部，以打圈的方式由里至外按摩。

（2）5分钟后再把剩余面膜全部均匀涂于脸上，避开眼部及唇部。

（3）15分钟后用清水洗净。

适用肤质：

任何肤质。

美丽功效：

豆腐含蛋白质、维生素B_1、维生素B_2、维生素E、烟酸及钙、铁、镁等多种有益物质，能有效地滋养肌肤，使肌肤美白细嫩。若和酵母粉调和使用，更能促进肌肤的新陈代谢，还能温和地改善油性皮肤，调和脸上水油成分，促进毛孔收缩，使肌肤细腻，有效阻止痤疮的产生。

护肤小提示

把豆腐捣烂，洁面后将其均匀涂于面上，10分钟后洗净，可见皮肤白嫩，兼具弹性；还可在豆腐上面加盖一层薄纱布，令豆腐不易滑落，让皮肤彻底吸收豆腐的精华。

知识补给站

面部精油按摩

（1）卸妆，洁面，将头发扎好，洗净手。

（2）用指尖蘸按摩油在脸上画圈圈，轻轻地将按摩精油均匀抹遍整个脸。

（3）双手指尖朝中间放在眉毛上方，轻轻地按压至太阳穴处。重复以上动作，慢慢地往发线的地方按压。

（4）将食指与中指的指尖放在眉毛上方最接近鼻梁处，沿着眉毛往外按压，再沿着眼下（颧骨上方）按压至鼻子处，接着以画圈方式轻轻按压回至开始处（鼻子的上方）。重复以上动作数次。

（5）以往后画圈的方式，用指尖按摩太阳穴。

（6）将手指放在眉毛上方，大拇指放在颧骨靠近鼻子处，用大拇指往耳朵的方向轻推。

（7）双手握拳，以每根手指的第二个指关节轻轻按摩脸颊的颧骨下方。

（8）用掌心轻拍上半部的脸颊。

（9）指尖放在上嘴唇，并轻轻往内推数次。

（10）将指尖放在下巴，沿着下颚骨轻轻往耳朵方向推；接着用手指轻拍回至下巴处。重复以上动作。

（11）往上轻拍脖子，并以步骤2的画圈方式轻拍全脸。

第三章 眼部护理

“巧笑倩兮，美目盼兮”是《诗经》里描写我国古代美女眼神的名句。眼睛是五官中最引人注目的焦点，也是整个脸部中最娇柔脆弱的部分，稍不留神，不期而至的黑眼圈，不请自来的大眼袋，与美丽无关的鱼尾纹，红肿硬涩的双眼皮……这些使美丽大打折扣的现象就接踵而来，于是我们的心情也跟着沮丧起来：拿什么来拯救你——我的双眼？

眼部肌肤没有皮脂腺，肤质脆薄而敏感，是全身肌肤中最娇嫩的部位。眼部护理也自然有别于面部其他部位，它要求手法更加轻盈、滋润效果更加细腻。恰当的眼部护理，能使眼部因肌肤干燥和外来刺激出现的皱纹、眼袋、黑眼圈等快速平复，迅速补充所需的营养及修复受损的细胞，增强抵抗力，使双眸明亮而完美。

第一节 眼部问题

眼袋

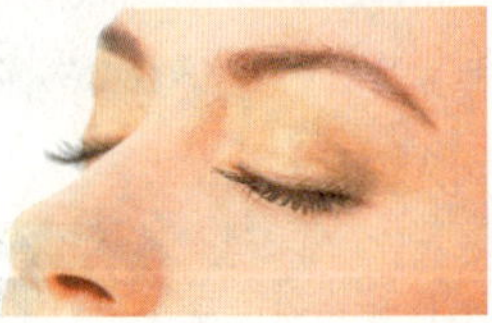

1 眼袋的形成原因

（1）人体随着年龄增加，肌肤、皮下组织，肌肉及其相关结构发生退行性变化，就会使肌肤变薄、弹性降低，脂肪并不随之缩小反而增大，并向松弛的眶膈肌肤突出即呈现眼袋。

（2）先天性遗传因素会使眼轮匝肌肥厚，肌肤外呈现轮状突起。

（3）外伤性因素可致眼轮匝肌与眶膈损伤。

（4）劳累、睡眠欠佳、夜生活过度及全身性或慢性疾病，这些都易诱致或加速眼袋的出现，并使眶周呈现黑眼圈。

2 眼袋的分类

一般可分为真性与假性眼袋两类。

假性眼袋多见于年轻人，以遗传性因素为主。表现是下睑眼轮匝肌肥厚，肌肤、肌肉并不松弛，眶膈后脂肪不肥大，但眼轮匝肌呈现轮状突起，微笑时尤为明显。

真性眼袋将随年龄增长、体虚多病、生活与工作过度劳累而愈加突显出来。年龄大小及面部表情肌活动的程度等对皮肤及肌肉的松弛程度及眶膈后脂肪突出的程度有一定影响，因此眼袋的表现形式与程度也不相同。

3 消除眼袋九法

冷敷消肿

如果因为睡眠不足而引起暂时性眼袋，可以通过冷敷的方法加以缓解。用保鲜纸包好两三块冰，把毛巾对折盖在眼皮上，然后把冰块放在上面。冷冻茶包或浸过冻牛奶的化妆棉也有消肿、镇静作用。

吸脂手术

眼袋是眼部脂肪积聚所造成的，这和本身体质有很大的关系。如果眼袋确实很严重、很明显或显出老态，去医院做吸脂手术会有不错的效果。

睡前喝水要适量

吃太多口味过重的食物、睡前喝太多的水，都可能形成眼泡水肿和眼袋。易产生眼袋的人应常做面部、眼部按摩来促进局部循环，并尽可能少吃过咸、过辣的食物，睡觉前少喝水，并将枕头适当垫高，让容易堆积在眼睑部的水分通过血液循环而分散。

眼霜不能过油

过油的眼霜，肌肤难以完全吸收，会造成多余的油脂粒堆积在眼部周围而形成眼袋，所以眼霜最好还是选用质地清爽的产品。

增强血液循环 为了防止下眼睑松垂或形成囊袋，最好每天能斜卧在斜面木板上几分钟，借此姿势促进头面部血液循环，以改善颜面部肌肤状况。

维生素E按摩 睡前用维生素E油丸中的黏稠液对眼下部肌肤进行涂敷及按摩，有消除下眼袋、减缓衰老的功效，疗程为一个月。

瓜果贴片 睡前在眼下部肌肤上贴无花果或黄瓜片，长期坚持可减轻眼袋。也可利用木瓜加薄荷浸在热水中制成茶，晾凉后涂敷在眼下肌肤上，可缓解眼睛的疲劳，还有减轻眼袋之功效。

日常饮食 经常咀嚼胡萝卜、芹菜及口香糖等，能促进血液循环，有利于改善面部肌肤状况。注意膳食平衡，平时经常食用胶体、优质蛋白质、动物肝脏、西红柿、土豆之类的食物，可对新生组织细胞提供必要的营养物质，对消除眼袋亦有裨益。

做眼部运动 每天润肤时用手朝上击打颜面部位，特别要注意在眼周围肌肤上重点轻敲，但应避免随意地牵拉下眼睑或将其向外过度伸展。上、下眼睑常有意识做闭合运动，每日最好坚持做一百次以上，使眼睑肌有收缩与放松的感觉，能延缓眼袋的产生。

眼皱纹

眼皱纹形成原因

眼皱纹绝对是揭露女性芳龄并将之公告天下的叛徒。眼部皱纹的形成一方面是因为表皮组织干燥变薄，另一方面是因为真皮层的胶原蛋白和弹力纤维补充不足而变细,失去网状支撑力。除此之外，如果皮脂腺的功能下降，皮脂分泌减少，皮脂膜不易形成，角质层的水分就容易流失，使眼部肌肤变得干燥，更容易因此产生小细纹。同时，面部表情过多、强烈的紫外线照射也会催生眼皱纹。

易产生眼皱纹的坏习惯

喝水过少 在干燥的办公室特别是空调房内喝水太少，会使体内水分大量流失却得不到补充，导致眼部肌肤干燥，产生皱纹。

减肥过快 体重突然下降，肌肤没有足够的时间去适应脂肪的减少，因此产生皱纹。

眯起眼睛看东西 长时间地用眯起眼睛的方式看东西，容易使眼睑肌持续处于紧张状态，造成细纹的生成。

高度不合适的枕具 睡眠质量不好会影响眼部肌肤的血液循环，高度不合适的枕具无法保证良好的睡眠。

十大护眼抗皱法则

（1）把纱布蘸上酸奶，敷在眼睛周围，每次10分钟，眼周的皮肤就能喝饱水，细胞充盈则皱纹减轻。

（2）涂抹眼霜时，手法一定要柔和，用无名指轻拍而不是涂抹，这样才不会造成细纹。

（3）涂完眼霜后，双手轻轻摩擦生热，轻轻捂在眼睛上，促进眼睛对营养成分的吸收。

（4）眼睛干燥时，盛一杯开水，闭上眼睛靠近杯口，用热汽蒸眼睛，之后马上涂上眼霜，或做个眼膜。

（5）经常做眼部按摩，抗皱养颜。

（6）注意睡姿，避免长期朝一个方向侧卧，更不要将脸埋在枕头里，眼部周围的肌肤很容易被挤压出皱纹。

（7）保证充足睡眠，多锻炼身体，多饮水，促进良好的新陈代谢，这样就不容易产生皱纹了。

（8）面部表情不要太夸张，不能老是挤眉弄眼，时间长了眼角周围就会出现很多小皱纹。

（9）烈日下外出一定要戴墨镜，不仅保护视力，也保护眼睛周围脆弱的肌肤，秋冬也不能例外。

（10）特别干燥的季节，在眼霜中加入少量的维生素E油，使其具有滋润、抗皱的效果。

黑眼圈分类

身体最薄最脆弱的肌肤在哪里？眼睛周围。仔细观察您眼睛下方的肌肉，有肿胀吗？有眼袋吗？这些现象都会综合成为黑眼圈，从而暴露您的年龄。降服黑眼圈，一定要趁早。

眼周肌肤厚度约为0.04~0.05毫米，皮下组织少，缺乏汗腺及皮脂腺，且聚集于此的血管又多，因此，眼皮易呈现出血液颜色。另外，眼皮一天眨动一万次以上，眼皮内的胶原蛋白及弹性纤维会因此流失，老化皱纹及眼袋也会使眼部承受更大的压力而呈现黑眼圈。

1 血管性的黑眼圈

由于静脉的循环不佳，产生血液滞留现象，这种黑眼圈往往跟体质有关。静脉血液携带较多的二氧化碳呈现出较深暗的血色，眼睛周围的表皮较薄，所以暗色会呈现于眼睛周围的皮肤上。

2 过敏性的黑眼圈

常易出现在过敏性体质的人脸上。例如过敏性鼻炎和过敏性鼻窦炎的患者，鼻腔、鼻黏膜长期充水肿胀，压迫下眼皮内的静脉，导致血液回流受到阻碍，在下眼皮呈现暗紫色的眼圈。

3 黑色素性的黑眼圈

最常见的是先天性的家族染色体遗传，也有许多是后天色素沉淀所致，比如皮肤炎症、药物疹、外伤、阳光暴晒等。黑色素沉淀引起皮肤着色，色素沉淀于表皮下层及真皮上层的位置，让眼圈整个泛黑灰色。

4 疲劳性的黑眼圈

属于后天的暂时性黑眼圈，多是由于不正常的生活习惯造成的。如经常睡眠不足、吸烟或被动吸烟、经常化浓妆、洁面及卸妆不彻底等多种我们都已熟知的原因；睡眠过多和睡觉时枕头过低也都会形成黑眼圈。有时情绪激动、精神紧张、心情沮丧，也会导致黑眼圈的出现。

黑眼圈的预防与治疗

1

血管性静脉循环不良所引起的黑眼圈，在睡眠不足、过度疲劳时会更为明显。保持充分的睡眠、呼吸新鲜空气、多摄入氧气均可改善，而局部的眼圈按摩对促进静脉循环回流也会有帮助。

2

如果是黑色素沉淀和过敏导致的黑眼圈，必须先寻找出病源，从治病着手，再配合一些祛斑用品及相应的眼霜、眼膜，对眼部肌肤予以护理。后天性的色素沉淀在经过一段正确的治疗后是会淡化的，而若是有家族遗传性黑眼圈的人，在处理上较为棘手，而实际获得的改善也极其有限，最终还是需要化妆来遮盖。

3

对于疲劳性的黑眼圈患者则需要从日常生活做起，逐步清除黑眼圈：

（1）保证充足的睡眠及正确的仰卧睡姿。

（2）保持适量的有氧运动，使血液保持充足的氧分，如可在早上或晚饭后外出散步，呼吸新鲜空气。

（3）配合轻柔的按摩，促进眼部血液循环。

（4）搭配良好的膳食，加强营养，适当补充维生素A、维生素C、维生素E。

（5）改正不良的饮食习惯，勿摄入过咸和刺激性过大的食物，勿过多抽烟、喝酒。

（6）经常化妆的人要彻底卸妆，坚持行之有效的眼部护理，使用修复黑眼圈的眼霜，因为这种眼霜中含有维生素及多种微量元素，可帮助受损血管愈合，可避免日晒引起的色素沉淀，并减轻浮肿、增进肌肤弹性。

4

目前较为完整快速且适合大部分情况的方法，是采用镭射法去除黑眼圈。如同去除脸部斑点一样，镭射可去除眼部周围的脆弱肌肤内深层的黑色素及血管淤塞，并加强细胞再生能力，使胶原蛋白加速生长；同时还可减少肌肤细纹，恢复眼部靓丽光彩；如果在疗程中可配合使用左旋C导入术，可使黑色素加速分解吸收。

防治黑眼圈的穴位按摩

1

在眼部周围的肌肤涂上眼部专用按摩霜，或者眼部营养霜。

2

用无名指按压瞳子髎(在眼尾处)、球后(下眼眶中外1/3处)、四白(下眼眶中内1/3处)、睛明(内眦角内上方)、鱼腰(眉正中)、迎香(鼻翼外侧)，每个穴位按压3~5秒后放松，连续做10次。

3

用中指和无名指(中指放在上眼睑，无名指放在下眼睑)轻轻地由内眦向外眦轻拉按摩，连续10次。用食指、中指、无名指指尖轻弹眼周，3~5圈。

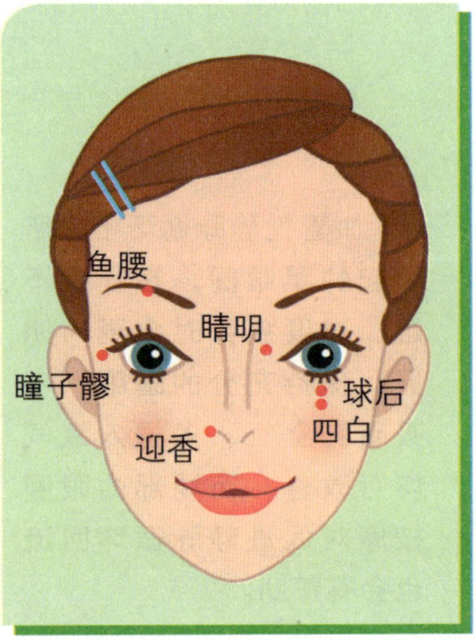

第二节 眼妆的卸除

健康的双眸要有健康的眼部肌肤做基础，仅仅依赖眼部“营养品”的滋润是不够的，还要做到每天正确、仔细地卸除眼部彩妆，这样才可给眼部肌肤带来“双倍”的健康。

一个完整的眼部彩妆大致包括上下眼影、眼线、睫毛膏，再讲究一点的人也许会在眉骨处加一些小亮片。“电眼美人”每晚若不能将这些眼部彩妆卸除干净，日积月累下来，色素沉积、毛孔无法顺畅呼吸，很快就会变成“熊猫美人”。所以掌握正确的眼部卸妆方法，对那些喜欢在眼睛周围大做文章的美女们而言就十分重要了。

卸除眼妆的注意事项

1

由于这些彩妆使用在最敏感的眼部，所以动作一定要轻，否则眼部肌肤很容易爬上小皱纹。

2

要使用性质温和的眼部专用卸妆产品，否则娇嫩的眼部肌肤很容易受到刺激和伤害。

3

眼部彩妆的颜色都比较深，更想将它们清除干净，不但要按部就班，而且连细小的部分（如睫毛和睫毛中间、下眼睑）都不能忽略。如果眼妆并不是每天都画得那么完整，可以根据自己的实际情况进行删减。

卸除眼妆的操作步骤

1 溶解彩妆

将卸妆液倒在化妆棉上，用量可根据自己的习惯来定，一般以花生粒大小为正常用量。闭上眼睛，先将化妆棉覆盖在整个眼部，停留3~5秒，让眼部彩妆充分溶解。

2 擦除眼影

将化妆棉由内往外轻轻移动、擦拭，卸除眼影，动作一定要轻柔，不要用力摩擦。

3 卸除眼线

将化妆棉对折（或用棉棒蘸卸妆液），利用其折角顺着睫毛根部，以画小圈的方式擦拭上下眼线。

4 清除睫毛膏

拿一张干净的面纸对折后，让睫毛完全垫在纸面上，可避免睫毛膏沾染到下眼睑。用化妆棉盖住睫毛，并停留5秒等睫毛膏溶解。

将化妆棉由上往下轻轻擦拭。由于睫毛膏的颜色较深，若是防水性睫毛膏更不容易卸除。因此，可用干净的化妆棉蘸卸妆液反复多擦拭几次，直至卸除干净。

利用化妆棉的折角（或棉棒）蘸卸妆液，仔细清除睫毛间的残余睫毛膏。

5 整体擦拭

用棉棒蘸卸妆液清除下睫毛的污垢。最后再取干净的化妆棉（或棉棒）蘸卸妆液，将整个眼部轻轻擦拭干净即可。

第三节
眼霜

时下会写诗的人越来越少，会打扮自己的人却越来越多。尤其是有点危机感的女人，用尽了手段将自己弄得像朦胧诗一样，使人对她的年龄失去判断。这样的女人在眼睛上花费的心思较其他面部肌肤要稍多一些，并且使用专门的眼部护理品。事实证明，她们是对的，因为眼角的细纹是泄露女性年龄秘密的第一个部位。眼部护理品的历史可追溯到“埃及艳后”克利奥佩特拉的“芦荟汁眼霜”，如今芦荟依然是修复肌肤细胞组织最理想的天然物质。

现代生活中，眼部护理品各式各样，选择余地很大，如眼霜、眼胶、眼部滋养凝露等都属于眼部基础护理产品，一般都含有天然的滋润及抗衰老成分，具有很强的渗透力以及温和的特性。其中眼霜无疑是多数女性的选择，它质地轻柔，富含弹力、保湿成分，使用后可改善眼部浮肿并消除疲劳，减轻黑眼圈及眼袋，并能缓和甚至抚平缺水细纹，使眼部肌肤柔嫩亮泽。另外，眼霜还可在肌肤上形成一层薄膜，从而起到化妆前打底的作用，减少彩妆对眼周的刺激。

眼霜的种类非常丰富，分别针对不同的年龄、不同的眼部问题、不同的保养效果。选购眼霜之前一定要先了解自己存在什么样的眼部问题，明确要达到什么样的保养效果，再按需购买。

眼霜的种类

1 滋润眼霜

具有较强的保湿功能，尤其适宜秋冬季节和在空调房间工作的女性使用。

2 抗老化眼霜

具有抗皱及防晒功能，适合夏季和长期面对屏幕的工作者使用。

3 紧实眼霜

富含滋养成分，油性成分高于滋润眼霜，适于黑眼圈、衰老及干性皮肤的女性使用。

4 抗敏眼霜

适宜敏感性、问题性皮肤的女性使用。

眼霜的使用方法

眼部肌肤很细嫩，如果眼霜使用不当，非但不能减少细纹，而且可能会使其加深。

1

用右手无名指蘸取半粒米大小的眼霜，在右眼下方点一下，左手轻轻地将右眼的下眼皮往下拉一点。它主要的作用是把眼部的细纹拉平，让眼霜渗入这些细纹中。

2

用右手无名指从右眼的右下角开始顺时针慢慢地按摩整个眼圈，直至完全吸收。一般为4~5圈。

3

左眼的操作同右眼。

4

用两手的无名指，轻轻地点拍相对应的眼睛，特别是眼袋部分，这样有助于血液循环，促进养分吸收，减轻黑眼圈。

使用眼霜的六大误区

1 25岁以后用眼霜

眼霜对绝大部分人来说都是必需的，而不是25岁以后才能用，看看以下情况，您就知道原因了：

（1）皮肤干燥。18~24岁的少女中性皮肤占大多数，但中性皮肤极易在某些时候呈现偏干状态；由于饮食结构的改变，极干性皮肤在少女中也为数不少。皮肤干燥，最先衰老的便是眼部。

（2）空气干燥。很多地方越来越干燥，尤其是全球暖冬现象造成空气湿度越来越小；暖气、空调的长时间使用，也使空气干燥。在干燥的空气中，人的面部容易缺水，眼部皮肤首当其冲。

（3）用眼过度。现代职业女性多数离不开文字和电脑，再加上大量的报刊、影视光盘主宰休闲时光，眼部肌肉极度疲劳，导致眼部皮肤皱纹过早出现。

（4）环境污染。环境污染直接导致面部皮肤的清洗频繁，极易使脂质水分流失，皮肤干燥，对脆嫩的眼部肌肤伤害更甚。

2 眼霜能治疗鱼尾纹、眼袋和黑眼圈

许多人用眼霜是因为眼角出现了第一条细纹，或者眼皮浮肿，有明显的黑眼圈或眼袋。在眼霜外包装说明上，也往往有“可减少浅显的细纹，对眼皮浮肿、黑眼圈、眼袋者尤有效”的字样。这种说法是不科学的。

眼部皱纹产生的原因之一是表皮组织之下的真皮层胶原蛋白和弹力蛋白渐渐流失，纤维网变细变脆，甚至断裂而产生皱纹。希冀用化妆品将断裂的纤维重新连接上，扯平皱纹，目前还只能是人类的梦想。如果此时还不加以护理，眼部皮肤将进一步老化，皮肤与皮下组织脱离，皮下脂肪下移，会使眼袋和眼皮下垂，于是青春的圆眼睛变成了衰老的三角眼。另外，日常生活中眼部皮肤还极易因疲劳、睡眠不足、精神压力等原因造成营养缺乏及供血不足，产生黑眼圈。

综上所述，聪明的女人要懂得防患于未然，在没有皱纹、眼袋和黑眼圈时就应使用眼霜。

3 面霜代替眼霜

事实上，眼部皮肤和面部皮肤完全不同。眼睛周围的皮肤是面部皮肤角质层最薄、皮肤腺分布最少的部位；同时，眼部皮肤却是一个人肌肤活动最频繁的部位，也是化妆中最复杂、拉扯皮肤次数最多的部位。眼部皮肤的解剖学结构决定了要使用完全不同于面霜的护肤品。

确实，眼霜和面部抗皱霜成分一致，目的都是为了滋润肌肤、补充营养成分和保湿，延缓皱纹的出现。但是，二者的油性和水溶性成分的配比却完全不同。面霜一般都有油性的滋养成分，用到眼部不易吸收，而水溶性的眼霜轻盈柔软，富有弹性，不干也不腻，容易吸收。由此，涂完眼霜也不能用面霜覆盖。

4 只在眼角用眼霜

面部最早松弛老化的区域并非外眼角，而是眼睛下方，其次是上眼皮。所以如果保养不当，最先出现黑眼圈和眼袋，再出现眼皮下垂。这个区域的肌肤衰老没有鱼尾纹那么明显，却更加脆弱，会因为细小的累积而突然出现很显眼的衰老表现，因此一定要防微杜渐，全方位地使用眼霜。但是不可抹到眼睑、睫毛或眼内，防止对眼睛造成刺激。

5 用量太大

眼部皮肤极薄，用得太多不但不能吸收，相反还会给肌肤带来负担，从而加速衰老。建议洁面后用完平衡水再涂上眼霜，每次用绿豆大小的“两粒”即可。

6 只在晚上用

眼霜的用法和面霜一样，应该早晚都用，更不可想起来就用，想不起来就不用。偶尔的护理无法补充足够的水分与养分，是起不到什么效果的。

第四节 眼膜

尽管使用眼霜可避免眼睛受眼角纹、眼袋、黑眼圈的困扰，但如果眼部突然或大量流失水分及营养，恐怕眼霜也爱莫能助。这时最需要的是对眼部进行更精细的保养，使用一些特殊的眼部护理用品，让“电眼”重新焕发迷人的光彩。

眼部特殊护理产品主要是指那些能给予眼部更深入的护理及有某种独特功效的眼部护理产品，如眼膜、生肌眼膜、精华素等。它们可以帮助减轻皱纹、黑眼圈，改善眼线浮肿等，在加强眼部护理功效的同时，给予眼周肌肤更周全的保护与更精细的滋养，与眼霜达到相辅相成的护理效果。但由于其养分较高，不适于天天使用，一般每周一次即可。

眼膜的功效

眼膜的成分细致，分子极小，是针对眼周肌肤的特征而专门设计的，可以紧贴眼周肌肤使用，容易被眼角细薄的肌肤吸收。一般眼膜都具有补湿、消肿、去黑眼圈、抚平皱纹的作用，尤其适合长时间化妆前使用。

为适应现代生活的需要，又研发了许多有侧重点的眼膜种类，一般主要有三个种类及功效。

1 镇静型眼膜——立即舒缓

镇静型眼膜大多为片状、果冻状或啫喱状，即使未经过冰镇，其触感依然清凉柔软，能瞬间给人以放松和舒缓的感受，尤其适合夏日眼部疲劳时使用。

2 滋润型眼膜——迅速补水

缺失水分的眼周肌肤很容易产生细纹，滋润型眼膜

能够即刻补充眼周肌肤的水分。可在干燥的环境里使用或作为眼霜的辅助性产品，一周使用1～2次，及时为眼周肌肤补充水分。

3 营养型眼膜——加强营养

营养型眼膜含有精油、人参、甘菊等营养成分，能起到快速补充养分并修补受损细胞的功效，并能促进血液循环，淡化黑眼圈。

让眼膜高效的九大高招

1 敷眼膜前需要彻底清洁肌肤

不管眼部是否化妆，彻底地清洁肌肤都是非常必要的，用卸妆油去除多余油脂这个步骤不能跳过。

2 将眼膜冷藏

冰凉的眼膜会令浮肿的眼睛得到绝对的舒缓。

3 敷眼膜之前先热敷

敷眼膜之前，最好能够先用热毛巾敷一下眼睛，这样再敷上冰凉的眼膜，能够较好地刺激眼部血液的循环。

4 敷眼膜要有方向感

对于布式的眼膜来说，要从眼头向眼尾的方向敷；乳状的眼膜，也要从眼头涂向眼尾，不可来回涂抹。

5 敷眼膜的位置要精准

敷眼膜的最佳位置是眼睛下面3毫米的地方，且只限于眼下部。因为上眼皮的肌肤比较薄，对营养的吸收能力比较有限。如果要敷在上眼皮，只限于对抗眼睛浮肿。

6 敷眼膜的时间

这要看每一种眼膜的不同要求，眼膜不可过长敷用，否则可能会适得其反。

7 眼霜是眼膜的亲密伙伴

敷了眼膜后要涂眼霜，这样能更好滋润眼部肌肤，如果单单敷眼膜，取下后眼部肌肤会有紧绷感，长此以往，反而催生细纹。

8 敷眼膜的最佳时机

（1）生理周期后一周：体内雌性激素分泌旺盛，这时敷用最有效。

（2）泡澡时：借着热气，加速循环。

（3）睡觉前：敷完并除去眼膜再睡，让养分充分吸收。

（4）运动后：新陈代谢较快，此时敷用，可以加速吸收。

（5）前晚喝太多水或大哭一场后：此时敷用，加速代谢，排水消肿，效果立竿见影。

9 眼膜不能每天敷

每天敷眼膜，会使眼部营养过剩，产生脂肪粒。此外，不能敷着眼膜睡觉，否则眼膜中的精华液一旦全部挥发，会将肌肤中的水分带走。

天然眼膜自制配方

鲜果时光

苹果眼膜

材料：苹果半个。

轻松DIY

将苹果在冰箱中冷藏2小时。

使用方法：

（1）将苹果切薄片敷在眼部下方。

（2）10分钟后取下苹果片。

适用肤质：

任何肤质。

美丽功效：

有效滋润眼部肌肤，补充眼部肌肤水分，去除黑眼圈。

护肤小提示

干性皮肤可以把苹果片浸泡在牛奶中冷藏。

知识补给站

保护眼睛七攻略

1. 闭目养睛

感到疲倦或头昏眼花时，可找个清静处端坐，双目闭合，两眼下沉，排除杂念，平静心神；或者心中默念数字，使心态平和，最好是再做一套眼保健操。每日能有几个片刻时间做这样的闭目养睛，既可养目又可养性。

2. 温水浴目

用温热水、热毛巾或蒸汽熏浴双眼，每天1~2次，每次10~25分钟，可结合每天洗脸进行。若加中药，浴目效果则更佳，方法是将菊花、大青叶、桑叶、竹叶之类煎水，趁热熏眼，待水温后，再以药水洗浴双眼。长期坚持，可清热、消炎、明目。

3. 极目远眺

早晨起身后可在空气新鲜的公园、绿地或空旷场所自然站立，两眼平视远处的一个目标，最好是绿树，尽量放松眼睛，坚持1~2分钟，然后将视线移至一个较近的目标上，如此反复数十次，并配合深呼吸进行。此法对调节眼睛的功能有良好效果。

4. 闭目运睛

双目闭合，转动眼球，先顺时针，再逆时针，反复交替转动30圈，然后张眼望远或移视线至绿荫处。此法可以舒筋活络，改善视力。

5. 手掌熨目

清晨起床或临睡前，微闭双目，同时手掌摩擦发热，随即迅速将双掌按抚于双目之上，待热感不明显时再做，如此重复，每日数十次。此法有改善血液循环、明目之功效。

6. 保护眼睛

不要在强烈的阳光和灯光下看书报，看电视时的光亮度也不要太强；夏日户外活动要戴墨镜；各种屈光不正常的患者应配戴合适的眼镜。此外，用眼切莫过度，读书写字不要持续时间太长，一般来说，每40～60分钟就要闭目或远眺5～10分钟；看电视的时间切不可过长，要善于利用广告节目的间隙稍作休整，站立步行，避免眼疲劳。

7. 饮食养目

生姜、百合粥、黑芝麻、何首乌、咖喱、松子仁什锦饭、慧米饭、茶叶饭、枸杞饭等，都对美容养颜、明目提神有所助益。

橙瓣眼膜

材料：橙子1瓣。

轻松DIY

将橙瓣切成薄片。

使用方法：

（1）将橙片贴在眼睑上，用手指轻轻地按压。

（2）10分钟后取下，洗净。

适用肤质：

任何肤质。

美丽功效：

能促进血液循环，有效补充眼部水分。本眼膜可长时间发挥滋润功效。

知识补给站

电脑族的护眼窍门

（1） 每使用电脑两小时要休息10～15分钟，此时可远看窗外景观，也可闭目养神。只要不集中近距离用眼，都有休息效果。

（2） 闭上眼睛，用热毛巾或者手帕覆盖于双眼，每天1~2次，每次热敷约10～15分钟。也可以用大拇指轻按眼窝四周的骨头，从眼窝上方内侧开始，沿着骨头向眼睛外侧按摩，然后朝眼底往鼻子的方向移动。

（3） 勿让窗外光线和室内灯光在屏幕上造成反光。最好在屏幕前加装特殊的微滤网或护目镜。屏幕有尘埃时，必须以电脑专用拭镜纸擦拭，增加可视度。

（4） 将要输入的资料文字放置于屏幕旁，越接近越好，以减少颈部及眼睛的转动及注意力的改变；放大屏幕上所显示的字体大小及行间距离，以便于阅读，减轻眼睛负担。

（5）多眨眼可以润湿眼睛，防止眼睛干涩，如果眼睛有不适，最好找眼科医师检查，切勿自行点眼药水。

（6）眼睛与14英寸屏幕距离最少要保持60厘米，15英寸最好要有70厘米的缓冲，屏幕越大，距离也依此类推。

（7）键盘和座椅的高度以令使用者舒适为主，键盘应调整至打字时前臂与地面平行；电脑椅最好是有椅背、没有扶手的调整式座椅，调整椅身至可让脚平放在地面上；椅面应该要微向前倾，使脊椎挺直，大腿稍倾向地面。

（8）电脑背面与墙壁应有1米以上的空间，让使用者休息时视线可有足够的扩展。

蔬菜当道

丝瓜眼膜

材料： 嫩丝瓜1条。

轻松DIY

嫩丝瓜去皮，去籽，捣成泥。

使用方法：

（1） 将丝瓜眼膜涂于眼部。

（2）15分钟后洗净。

适用肤质：

任何肤质。

美丽功效：

抗过敏，增白。

黄瓜蛋清眼膜

材料： 黄瓜1条，白醋2滴，蛋清适量。

轻松DIY

1 将黄瓜榨汁与蛋清混合调匀。

2 再加 2 滴白醋，搅拌均匀。

使用方法：

（1）将黄瓜蛋清眼膜涂于眼周。

（2）15分钟后洗净。

护肤小提示

将黄瓜打成泥，放入盒中，浸入纸面膜，放入冰箱约2小时，让面膜充分吸收黄瓜汁液，即可拿出敷脸。

（3）每周1～2次。

适用肤质：

任何肤质。

美丽功效：

滋润，去皱，去眼袋。

菊花眼膜

花朵芬芳

材料：菊花、枸杞子各5克，奶粉15克。

轻松DIY

1 菊花加少量的水煮滚，沥掉菊花取汤汁。
2 枸杞子泡软后捣成泥，再加入菊花汁、奶粉调成糊状。

使用方法：

（1）洗净脸后，把用纯净水蘸湿的化妆棉覆盖在眼睛上，再涂上敷料。

（2）15分钟后用温水洗净。

适用肤质：

任何肤质。

美丽功效：

菊花清热，能让双目明亮的同时，滋润眼部肌肤。

护肤小提示

眼部的肌肤较敏感，所以在敷此眼膜时要先覆盖一层化妆棉。

冰绿茶眼膜

材料：绿茶叶3克，热水200毫升。

轻松DIY

1 将茶叶用热水冲开。
2 待凉后，放入冰箱冷藏半小时。
3 把化妆棉浸入冰茶水中。

护肤小提示

将绿茶粉、蛋黄加入面粉中混合搅拌，敷在脸上，再罩上纱布，约20～30分钟后用温水洗净，可去除脸上多余油脂。

使用方法：

（1）将浸透的化妆棉取出，覆盖在眼部。

（2）15分钟后，将化妆棉取下。

蛋奶主打

牛奶眼膜

材料：牛奶50毫升。

轻松DIY

牛奶放入冰箱中冷藏2小时。

使用方法：

（1）用化妆棉蘸冰牛奶，敷在眼部。

（2）10分钟后取下，洗净即可。

（3）每天早晚各1次。

适用肤质：

任何肤质。

美丽功效：

消除眼袋。

> **护肤小提示**
>
> 油性皮肤最好用脱脂牛奶。

牛奶蜂蜜眼膜

材料：牛奶1匙，蜂蜜1匙，醋半匙，温开水1匙。

轻松DIY

1 将牛奶和醋混合，再加入温开水搅拌均匀。

2 在溶液中加入蜂蜜，搅拌均匀。

使用方法：

（1）洁面后，将牛奶蜂蜜眼膜涂抹在眼部。

（2）把热毛巾敷在眼睛上。

（3）5分钟后，将毛巾取下，清洗干净。

美丽功效：

给眼部肌肤补充水分，使其保持滋润、细腻。

精油迷情

黄瓜甘菊精油眼膜

材料： 小黄瓜1根，洋甘菊精油1滴。

轻松DIY

1. 黄瓜连皮磨成泥。
2. 在黄瓜泥中滴入洋甘菊精油，搅拌均匀。

使用方法：

（1）把脸洗干净，把面膜纸或化妆棉剪成半月形。

（2）取适量眼膜于面膜纸或化妆棉上，敷在眼睛四周。

（3）10～15分钟后，取下洗净即可。

美丽功效：

黄瓜可以消除浮肿，并有解热的功效；洋甘菊精油可以改善干燥肌肤，增加弹性，消除浮肿，促进眼部的血液循环，消除黑眼圈。这款眼膜除了适合眼部，还可以作为晒后镇静面膜使用。

薰衣草精油眼膜

材料： 薰衣草精油1滴，茴香精油1滴，佛手柑精油1滴，荷荷巴油6毫升，橄榄油2毫升，芦荟油2毫升。

轻松DIY

将上述精油混合，搅拌均匀。

使用方法：

（1）将薰衣草精油眼膜涂抹在眼部及四周。

（2）轻轻按摩。

（3）10分钟后洗净。

适用肤质：

任何肤质。

美丽功效：

去除黑眼圈和眼袋。

护肤小提示

盆浴时滴入4～5滴薰衣草精油，长期使用可改善皮肤组织相关问题，如皮肤炎症、湿疹、皮癣、面疱等。

檀香精油眼膜

材料：檀香精油1滴，洋甘菊精油1滴，胡萝卜子油1滴，荷荷巴油6毫升，橄榄油2毫升，芦荟油2毫升。

轻松DIY

将上述精油混合。

使用方法：

（1）将檀香精油眼膜涂抹在眼部及四周。

（2）轻轻按摩。

（3）10分钟后洗净。

美丽功效：

缓解眼部疲劳，消除眼部细纹。

护肤小提示

檀香精油分子细致、渗透力强，使用时勿超过6滴，担心精油敏感者应先从1滴开始酌量增加。

乳香精油眼膜

材料：乳香精油3滴，天竺葵精油1滴，玫瑰精油1滴，葡萄子油10毫升。

轻松DIY

将以上材料混合，搅拌均匀。

使用方法：

（1）洁面后，将乳香精油眼膜涂抹在眼部。

（2）轻轻按摩3分钟。

（3）10分钟后用温水洗净即可。

美丽功效：

此配方选用能活化肌肤生理机能的精油来调整肤质，唤醒疲倦肌肤，消除黑眼圈，改善倦容。

护肤小提示

将乳香精油6滴、依兰精油2滴、薰衣草精油2滴与乳液50毫升混合均匀，可治疗面部痤疮或暗疮。

汉方料理

薏苡仁绿茶眼膜

材料：薏苡仁粉、绿茶粉各5克，水适量。

轻松DIY

将薏苡仁粉和绿茶粉混合，再加适量水调成糊状。

使用方法：

（1）洗净脸，把蘸湿的化妆棉覆盖在眼部，在化妆棉上涂上薏苡仁绿茶眼膜。

（2）15分钟后用温水洗净。

适用肤质：

任何肤质。

美丽功效：

薏苡仁可以消除水肿、美白肌肤，预防黑眼圈的形成；绿茶粉可以促进血液循环，改善熊猫眼及眼睛浮肿的问题。

护肤小提示

在眼部肌肤和眼膜之间加一层化妆棉是为了保护眼部娇嫩的肌肤。

紫苏眼膜

材料：紫苏叶2片，黄豆粉15克，蛋黄1个。

轻松DIY

1. 紫苏叶洗净后擦干，切成碎屑。
2. 在紫苏碎叶中加入黄豆粉和蛋黄，调成糊状。

使用方法：

（1）洗净脸，把蘸湿的化妆棉覆盖在眼部，在化妆棉上涂上紫苏眼膜。

（2）15分钟后用温水洗净。

适用肤质：

任何肤质。

美丽功效：

可以抚平眼部的细纹，消除黑眼圈。

桑叶夏枯草眼膜

材料：桑叶30克，夏枯草10克，黄瓜1条。

轻松DIY

1 用 500 毫升凉水浸泡桑叶和夏枯草。
2 半小时后用砂锅煎药，直到药液剩下 1/3。
3 用滤纸过滤，去渣取汁。
4 黄瓜洗净，切块，放入榨汁机中榨汁。
5 药液冷却后，将药液和黄瓜汁搅拌均匀。

使用方法：

（1）把化妆棉放入溶液中浸透。
（2）把化妆棉敷在眼部。
（3）15分钟后洗净。

美丽功效：

桑叶含有丰富的氨基酸、胡萝卜素、维生素B1等营养成分，能够滋养眼部肌肤，防止细纹产生；夏枯草和黄瓜汁能淡化黑眼圈。

知识补给站

细盐明目液的制作

将2克细盐溶化在半盆温清水中，将脸部浸泡在淡盐水中，在水中睁开眼睛，上下左右活动眼球。连续使用2周，双目明亮有神。

第四章
唇部护理

英国皮肤科医生沃勒尔认为：“准确地说，嘴唇其实不算肌肤，它只是黏膜，黑色素少，表皮较薄，所以对干燥的空气、低温、冷风等环境特别敏感。如果不认真保养，干燥不滋润是最明显的，秋冬季节，特有的干风甚至会让唇上的干皮翘起。”

除了因环境引起的干燥，年龄的增加也会使滋润的双唇衰老失色，要保持唇龄年轻，丰满滋润，需要从平时一点一滴的呵护开始。

嘴唇干燥的原因及预防

1 气候寒冷

寒冷时，肌肤表层水分的供应不及时，原有水分被干燥空气吸出去，嘴唇容易干燥。

最好经常涂无色护唇膏、护唇油。如果唇部特别干燥，就在睡前用湿毛巾轻擦唇部，擦干水分后涂抹上述唇膏入睡。连续一周，效果明显。

2 缺少水分

身体内部缺少水分或是说话太多而口干，都会导致唇部干燥，使嘴唇或嘴角处堆积废皮。

这时要多饮水，并且清洗唇部，保持唇部肌肤的洁净。

3 缺乏维生素

偏食或不正确的减肥容易导致缺乏维生素，最明显的外部表征就是嘴角干裂。

平时多补充维生素，多吃水果、蔬菜。选择唇膏时要注意是否含有维生素E，这是使唇部柔嫩、不易脱皮的重要物质。

4 廉价的唇膏

廉价的唇膏往往含较多的蜡质，不能滋润嘴唇，反而会影响唇部肌肤的新陈代谢。

选择有信誉的知名品牌唇膏，除维生素E外，最好还含有甘菊、鳄梨油、金盏草等天然植物精华成分。

5 撕掉唇皮

口唇干裂后一般都会起皮，但皮在脱落之前，总还与部分肌肤粘连，此时，常有一些不怕疼痛的大胆美眉，千方百计地想把翘皮撕扯掉，最后的结果自然是出血、疼痛，尤其说话时疼痛加剧。

如果起皮现象真的特别严重，完全可以对着镜子，找准角度，用干净而锋利的剪刀剪掉唇上翘起的皮。

6 舔嘴唇

舔嘴唇只会带来短暂的湿润，当这些唇部水分蒸发时会带走嘴唇内部更多的水分，结果是越舔越裂越痛。另外，唾液里面含有淀粉酶等黏稠的物质，舔到嘴唇上就好像在唇上抹了一层面糊一样，风一吹，水分蒸发了，“面糊”就粘在唇上，会引起深部结缔组织的收缩，唇黏膜发皱，因而干燥得更厉害，严重者还会引发感染、肿胀，造成更大的痛苦。

一定要改掉舔嘴唇或用唾液湿润嘴唇的习惯。

唇部日常护理

1 每日早晨为双唇加层保护膜

每日早晨化妆时，在涂口红之前，先涂一层含有滋润、抗皱成分的护唇膏，可防护彩妆对嘴唇的直接伤害，还可深入滋润唇部的细胞，让双唇变得更加柔软细致。

2 每日晚上为双唇加层保护膜

含有维生素E成分的润唇膏被称为唇部“晚霜”，每天晚上在睡觉之前涂，可以预防双唇干燥脱皮。

3 每周磨砂去死皮

定期为双唇做磨砂护理，可去掉老化的死皮，更新细胞，使双唇变得滋润。方法与脸部磨砂相同，可以使用面部磨砂膏，但用在唇上的磨砂膏砂粒应该是超微细型，要磨起来没有感觉方可。每周做1~2次。

唇部按摩法

1 除细纹

清洁双手和唇部后，先在嘴唇上涂一层薄薄的油脂，如橄榄油，然后用大拇指和食指捏住上唇，食指不动，大拇指从嘴角向中心轻轻画圈揉按，再逐渐返回嘴边，每做5个反复为一组，每次做5组。接下来，用食指和拇指捏住下唇，大拇指不动，轻动食指按摩下唇，反复做5组，可以减少嘴唇上的横向皱纹。

2 除纵纹

如果嘴角有纵向皱纹，可以用两手中指从嘴唇中心部位向两侧嘴角轻推，让嘴唇有被拉长的感觉。先上唇，后下唇，同样以5次为一组，每次做5组。

3 收工细

按摩完用纸巾轻轻擦掉多余油脂，然后再涂一层无色润唇膏来锁住水分。

第一节 唇膏

唇膏又名口红，是一种涂于嘴唇，以施加色彩，赋予光泽，同时又保护嘴唇的化妆品。用唇膏点染朱唇一直是美容化妆的重要内容之一，是女性扮靓的有力武器。早在古埃及、古希腊和古罗马时代，就已经有女性使用一些带红色的矿物或植物色素抹在面颊和涂在嘴唇上，以达到增色的效果。如今，随着社会的发展，思想观念的改变，有许多人使用唇膏为嘴唇添色已经不是主要理由，而以有效保护唇部肌肤、长保双唇红润年轻为目的。

唇膏的分类及功效

滋润型唇膏

能补充水分，保护嘴唇，使嘴唇滋润而具有透明感，让人看起来高雅并具青春活力。

不脱色型唇膏

无光泽、不易褪色、效果持久，能维持妆效达8～12小时，带来神秘、时尚的感觉。

轻盈超薄型唇膏

轻覆在嘴唇表面，几乎感觉不到其存在，具有舒适感，可营造一种自然、纯情的风格。

唇彩

涂在双唇表面，能够增加双唇的光亮度，在妆效中起到点缀作用，使双唇看起来比较丰满有光泽。

关于唇膏的颜色

1 不脱色唇膏加重色素沉着

不脱色唇膏中含有避免脱色的成分，能使色素长时间地附着在双唇上，如果每天卸妆不彻底或是涂抹的量过大，易造成色素沉淀，久之使双唇的颜色加深，看起来不健康。此外，不脱色唇膏也被称为哑光唇膏，成分中多含有苯酚类物质，这会让双唇干燥，而且成分中的长效性染料还易导致双唇过敏。

2 浅色唇膏更安全

经常涂深色唇膏会导致唇色变深，而且一旦色素附着在唇上也不容易去除。最安全的方法是使用浅色唇膏，或者在使用唇膏之前使用一点水分凝胶来活跃肌肤细胞、减轻色素沉淀，保持双唇的本色。

天然唇膏自制配方

薄荷精油唇膏

精油迷情

材料：薄荷精油2～5滴，尤加利精油2~5滴，凡士林3匙。

轻松DIY

1. 将凡士林加热溶解（隔水加热或用微波炉加热约1分钟）。
2. 加入薄荷精油和尤加利精油，均匀搅拌。
3. 倒入洗净的干燥玻璃面霜罐中，待凉后凝固即可使用。

使用方法：

感觉嘴唇干燥时，将薄荷精油唇膏轻轻涂于唇部。

适用肤质：

干燥的唇部肌肤。

护肤小提示

本品置于阴凉处，避免阳光直射，能保存两年。

美丽功效：

滋润唇部，防止唇部干裂疼痛。凡士林在肌肤上能够形成保护膜而降低水分流失，对于唇部有相当好的滋润作用，同时又能赋予唇部明亮的光泽度；薄荷及尤加利精油也有很好的清凉止痛作用，并且能够促进破裂的唇部肌肤愈合。

知识补给站

秋冬护唇小常识

（1）干燥季节，不妨用不含酒精成分的爽肤水轻印唇部，让唇部形成一层油膜，以防水分流失。切记不要用有酒精成分的爽肤水，因为它会对脆弱的唇部肌肤产生刺激作用。

（2）用1匙椰油加1匙凡士林，搅匀，在微波炉内加热1分钟，再冷却20分钟便可当护唇霜用，效果很不错。

（3）除了用含高油分润唇膏外，平日涂润唇膏后，轻轻做些小按摩，有助嘴唇吸收养分。

荟萃经典

蜂蜡橄榄油唇膏

材料：蜂蜡1匙，橄榄油8匙。

轻松DIY

1 将蜂蜡加上橄榄油后加热溶解，隔水加热或用微波炉加热约 1 分钟。

2 加入橄榄油均匀搅拌，倒入干燥的玻璃制面霜瓶中，待凉后凝固即可使用。

护肤小提示

（1）蜂蜡可到养蜂人家或药店购买。

（2）本品置于阴凉处，避免阳光直射，可以保存两年。

使用方法：

感觉嘴唇干燥时，将蜂蜡橄榄油唇膏轻轻涂于唇部。

适用肤质：

干燥的唇部肌肤。

美丽功效：

蜂蜡是蜜蜂的分泌物，具备天然的抗菌特性，在保养品中用来增加硬度与滋润效果，是纯天然的滋润剂，能够在肌肤表面形成保护膜，滋润唇部，防止唇部出现皱纹。

第二节 唇膜

唇膜的分类

滋润唇膜	适合日常护理使用，本书提供的自制唇膜都属于这一类。
软膜	适合日常护理或夏天使用。
免水洗营养膜	适合日常护理或夏天使用。
蜡膜	适合受损唇或者冬季使用，一般是美容院才有的专业唇部护理。

唇膜的作用

唇膜的作用与面膜很相似，具有补水、保湿、滋润的效果，感觉双唇发干或脱皮时，敷上一片唇膜就会得到明显改善。

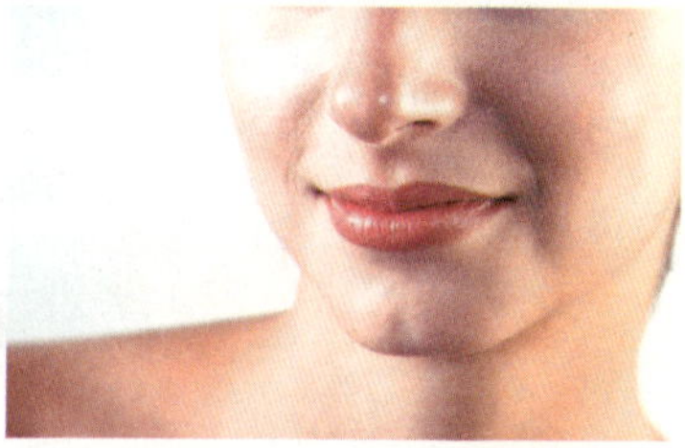

参加重要活动之前或者早晨起床后，突然发现双唇干燥不滋润，唇膜可以救急，敷上一片，很快会有滋润的效果。

天然唇膏自制配方

蔬菜当道

山药唇膜

材料：新鲜山药30克，肉桂粉5克。

轻松DIY

1 新鲜山药洗净后削皮，磨成泥状。
2 加入肉桂粉调成糊状。

使用方法：

（1）洗净脸后，将山药唇膜涂于唇部。

（2）15分钟后用温水洗净。

适用肤质：

任何肤质。

美丽功效：

新鲜山药加上肉桂粉，可活化细胞，促进血液循环，滋润双唇。

护肤小提示

敷唇膜的时候最好平躺，嘴唇不要动。

藕粉唇膜

材料：莲藕粉10克。

轻松DIY

将莲藕粉加适量水调成糊状。

使用方法：

（1）洗净脸后，将藕粉唇膜涂于唇部。

（2）15分钟后用温水洗净。

适用肤质：

任何肤质。

美丽功效：

莲藕粉有清热去火的作用，可以让双唇恢复水润。

护肤小提示

莲藕粉可以吃，所以不小心舔到也没关系。

黄瓜酸奶蜂蜜唇膜

材料：黄瓜半条，酸奶1匙，蜂蜜1匙。

轻松DIY

1 黄瓜洗净、去皮、切块，放入榨汁机中榨汁，去渣取汁。
2 将蜂蜜、酸奶加入黄瓜汁中搅拌均匀。

使用方法：

（1）将黄瓜酸奶蜂蜜唇膜均匀涂抹在唇部及四周肌肤。

（2）15分钟后用清水洗净。

适用肤质：

任何肤质。

美丽功效：

能有效滋润唇部肌肤，改善唇部干燥状况，使双唇更加细腻、平滑。

芦荟唇膜

材料：芦荟1片，蜂蜜半匙，茶树精油2滴。

轻松DIY

1 将芦荟洗净、去刺、去皮，放入榨汁机中榨汁，滤渣取汁。
2 将蜂蜜、茶树精油加入芦荟汁中，搅拌均匀。

使用方法：

（1）洁面后，将芦荟唇膜涂抹在唇部及四周。

（2）20分钟后用清水洗净即可。

美丽功效：

有效滋润唇部肌肤，防止嘴唇干裂、脱皮和产生皱纹。

蛋奶主打

蛋黄麦糠唇膜

材料：蛋黄1个，麦糠5克。

轻松DIY

将蛋黄和麦糠混合，搅拌均匀。

使用方法：

（1）将蛋黄麦糠唇膜均匀涂在唇部和四周。

（2）10分钟后，用清水洗净。

美丽功效：

可防止唇部干燥，去除死皮，消除唇部细纹，让唇部光滑有弹性。

荟萃经典

唇膏制唇膜

材料：润唇膏1支，保鲜膜适量，棉花棒若干。

使用方法：

（1）在干燥脱皮的双唇上，涂抹大量润唇膏。

（2）轻柔按摩，让滋润成分渗透进入，以软化干裂的死皮。

（3）以保鲜膜盖住密封，用温热毛巾敷在上面，提升对唇部保养的效果，敷盖时间约3分钟。

（4）拿棉花棒轻挑起死皮，不但不伤唇，还有滋润保养效果，淡化唇纹路。

（5）面纸轻压、拭去过多的润唇膏，接着涂抹有滋润、护唇效果的唇膏。

适用肤质：

任何肤质。

美丽功效：

轻松、快速去除唇部死皮，让双唇恢复娇嫩。

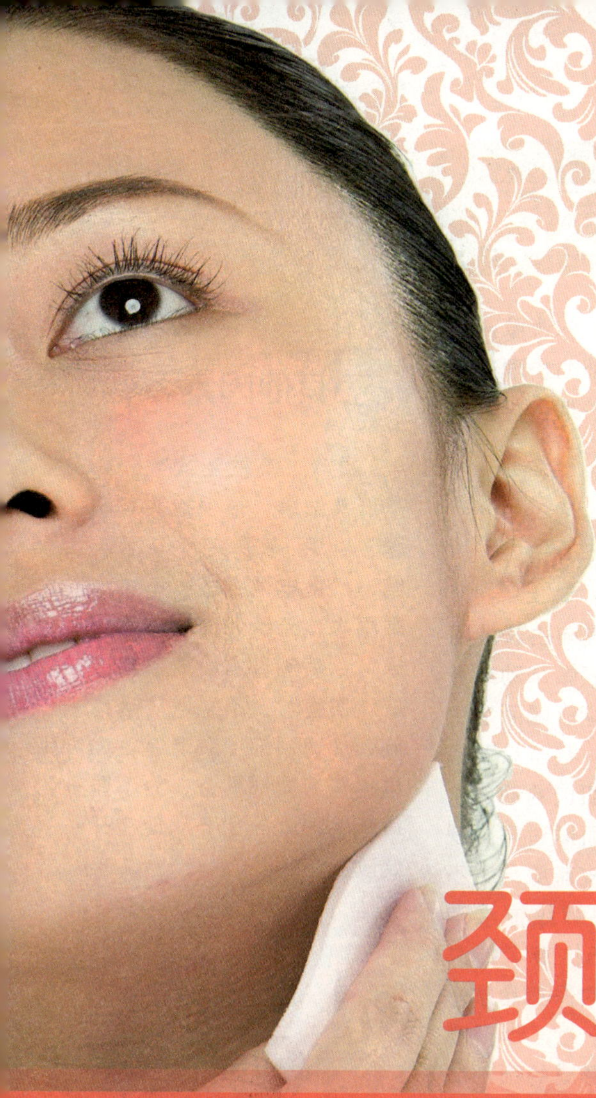

第五章 颈部护理

您是否有过这样的尴尬经历，面部妆容已经精致得无可挑剔，却因为和脖子上的肤色差别过大，而成为众人的笑话。要知道，即使面部打上最完美的底妆，如果颈部的肤色暗淡、肤质干燥、松弛、布满细纹……都会使整体效果大打折扣，甚至有人为此曾说：“从女人的脖子上去寻找年龄。”颈部在人体解剖学上是一个“多事三角区”，组织结构较为薄弱，颈部的皮肤与面部皮肤相比，皮脂腺和汗腺的数量只有面部的三分之一，油脂分泌较少，难以保持水分，所以很容易因干燥而产生皱纹，让人显出老态。

确实，人们往往在过分注重面部之时，忽略了我们同样暴露在外的脖子，使它受到岁月的侵蚀，日趋黯然失色。有人称颈部为“青春计时器”，为了不让这个计时器走得太快，我们应该行动起来，把颈部护理提到美容日程上来。

颈部衰老的原因

1 疏于保养

女人一过25岁，所有的生理机能都开始走下坡，维持肌肤弹性最重要的胶原蛋白和弹力蛋白的分泌量也会在25岁之后越来越少，肌肤的松弛和纹路也会日益严重，颈部更是首当其冲。虽然颈部和脸部一样，大部分时间都没有衣服的遮蔽，但通常人们对颈部的护理远远少于对面部的护理，过早衰老成为必然。

2 结构特殊

颈部是由直向生长的肌肉构成，因为表情牵动或者是戴项链、抽烟、喝酒等生活习惯的影响，甚至只要是会牵动到脖子肌肉的动作，都会造成颈部肌肤过早出现纹路；再加上皮脂腺分布不足，一旦出现细纹很难消除。即使是把抗衰老或具有紧致功效的保养品拿来涂抹在脖子上，也很难消除已经形成的颈部皱纹，最根本的解决方式就是提早预防，延缓细纹出现。

3 其他因素

喜欢“高枕无忧”；总是低头做事，很少抬头“前瞻”；用脖子夹着电话听筒，“煲电话粥”；不喜欢戴围巾，无论外面风沙“肆虐”；喷洒香水，对颈部造成“伤害”；不采取防晒措施，加速颈部“衰老”。如果这些习惯都具备，为了显得年轻，就一定要从现在开始改正。

颈部肌肤老化的迹象

1 明显横纹

颈部横纹是一条一条出现的深刻纹路，产生原因与头部动作或身体动作的牵动有相当大的关联。也就是说，除非永远保持抬头挺胸的姿态，否则根本无法避免这类纹路的产生。在运动前做好颈部保护，将颈部的牵动出纹机会降至最低。

2 松弛下垂

颈部肌肤松弛与脸部肌肤松弛比较相似，都是因为细胞弹力纤维老化、胶原蛋白大量流失所引起的。

3 缺乏紧致度与光滑感

与脸部肌肤干燥脱皮同一道理，缺乏紧致度与光滑感都是因为滋润度与保湿度不足所致。

颈部护理小提示

（1）注意防寒、防晒，每天都在清洁后涂上润肤霜及防晒品。

（2）冬天穿高领毛衣时，里面可穿一件棉质高领上衣，避免颈部与毛衣领摩擦。

（3）晚上为颈部按摩时，可选择有美白功效的按摩膏，减少颈部色素沉淀。

（4）每周可为颈部敷一次颈膜，深度滋润颈部肌肤。

（5）当颈部及双肩疲劳时，可用热毛巾暖敷2分钟，促进血液循环。

（6）勿用太热的水洗澡或触及颈部肌肤，否则会刺激肌肤老化，过早出现颈纹。

（7）尽量避免将香水直接喷在颈部皮肤上，以防酒精挥发时带走皮肤里的水分。

（8）选择合适高度的枕头，以减少睡觉时对颈部的压力。

颈部护理程序

1 清洁

每天在洁面的同时应一起清洁颈部，使用柔和的洁面水清洗。

2 使用护肤霜

颈部一般不会因吸收过多油分而易引起痤疮、暗疮，所以即使是油性皮肤，面部使用清爽型的水剂润肤霜，颈部仍可使用油分较多的护肤霜。

3 按摩

按摩是在涂护颈霜或护肤霜的同时进行的。

颈前按摩：两手由下而上按摩。注意方向不能相反，因为由上往下按摩，会使肌肤下垂，加速衰老。

颈后按摩：在耳后附近斜着向下轻柔地按压，不要用力牵动肌肤。这种从头后斜向方式的按摩同颈静脉血流的方向一致，因此可促进血液循环，减轻甚至消除面部浮肿和颈部的酸痛，防止皱纹的出现。

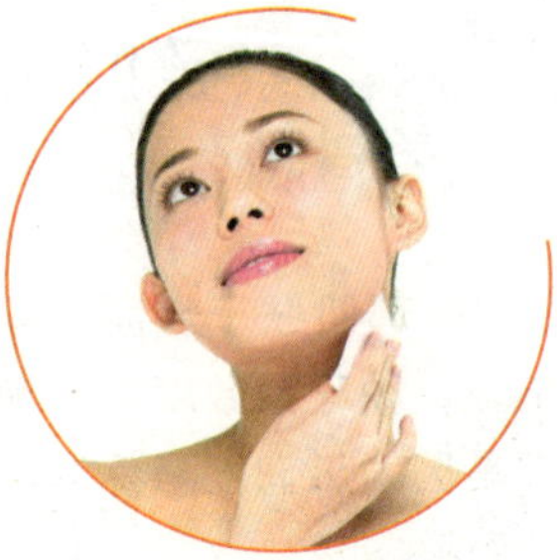

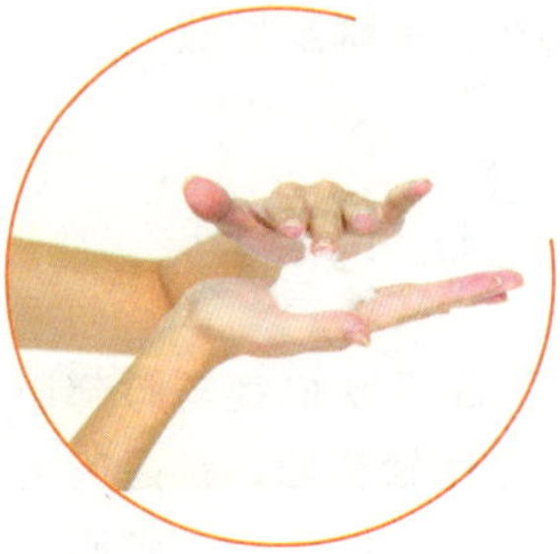

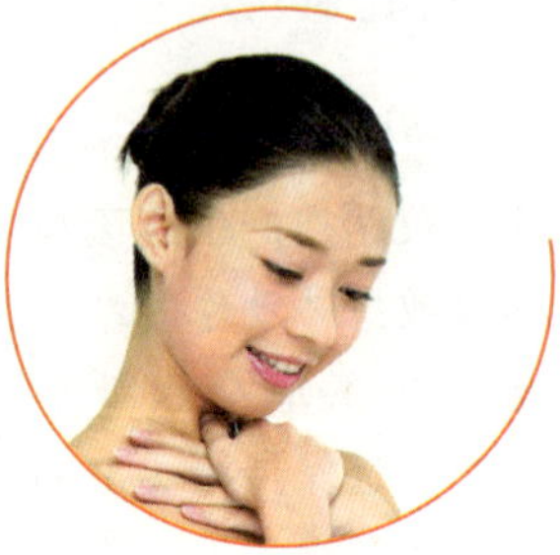

天然颈膜自制配方

蔬菜当道

土豆颈膜

材料：土豆200克，植物油1匙，蛋清适量。

轻松DIY

1. 土豆削皮，煮熟，捣成糊状。
2. 在土豆泥中加入植物油和蛋清搅匀。

使用方法：

（1）趁热将土豆颈膜涂敷在颈部。

（2）20分钟后洗净。

美丽功效：

让偏黑的颈部肌肤白嫩、细腻。

护肤小提示

每日用颈膜护理颈部，坚持1个月，颈部肌肤也会更加细腻、嫩白。

知识补给站

颈部护理也重要

许多人在护理颈部的时候只注意颈前的护理，却忘记颈后的护理。如果颈后护理缺乏或者不当，产生的皱纹还会向前伸延，所以，颈前与颈后护理同等重要。

红茶颈膜

荟萃经典

材料： 红茶1包，糖浆20克，面粉适量。

轻松DIY

1. 在红茶与糖浆中冲入滚水搅匀。
2. 倒入适量面粉搅成糊状。

使用方法：

（1）将红茶颈膜敷在颈部。

（2）15分钟后洗净。

（3）每周2次，1个月为1个疗程。

美丽功效：

红茶含大量维生素C，有抗衰老功效，会让颈部肌肤变得光滑细腻白嫩。

护肤小提示

把等量的红茶叶和红糖一并用水煎煮，放入面粉搅成糊状，涂脸约15分钟，可抗皱。

知识补给站

颈部无法手术美容

颈部有很多的神经和血管，是全身最不适合手术的部位，所以只能靠日常保养，这让许多指望手术的“人工美女”望“颈”兴叹，颈部也成为女人真实年龄的标志。

橄榄油颈膜

材料： 橄榄油20毫升。

使用方法：

（1）用热毛巾敷在颈部，使毛孔张开。

（2）涂上橄榄油。

（3）用冰块和冷水敷颈部使毛孔闭合。

（4）20分钟后洗净。

美丽功效：

橄榄油中的维生素A、维生素D、维生素E对肌肤干燥及过敏有不错的疗效，并有润肤、锁水、抗皱等多重功效。

知识补给站

巧用面膜代替颈膜

一般来说，专门的颈部护理产品不多，可以用清洗式膏状面膜代替颈膜。如果是纸面膜，可以用一面先敷脸，再用另一面敷颈。另外，一定要注意敷颈膜的时间不要超过30分钟，过干会出现相反效果。

第六章 手部护理

手被称为女人的“第二张脸”，《孔雀东南飞》用“指如削葱根”来形容手。手又是全身劳动最频繁的部位，上班的时候要打字，下班以后要洗菜、洗碗、洗衣服……由于经常接触洗涤剂和水，而且人们对手部肌肤的护理不重视，加上手部肌肤内皮脂腺较少，所以手部肌肤容易干燥、粗糙、老化，一伸手便暴露了年龄。

怎样才能轻松拥有“葱根”般美丽的双手？

手部护理5步骤

美丽的双手得益于精心的护理，选择适合的护手产品固然重要，但正确的护理方法更不可少。双手的全面护理，每周至少1次，持之以恒，可使皮肤滋润滑腻，手指灵活柔软。

1 软化角质

在温水中滴入适量橄榄油，把双手完全浸入，保持15分钟，可改善皮肤干燥粗糙现象，使角质软化。

2 深层清洁

取少量去死皮霜或磨砂膏均匀涂抹双手，然后轻轻按摩整个手掌及手腕，尤其是指甲周围容易产生硬皮及倒刺的部位，可趁机修剪指甲，此时指甲不易断裂。

3 手部按摩

均匀涂上按摩霜，先从手背指尖开始按摩到手指根部，动作要从容而柔和；然后呈螺旋状按摩手掌，并用指关节轻按手心上的穴位；最后用食指和中指夹住手指，从根部向指尖螺旋状旋转拉伸，每一根手指都要按摩到。

4 手健美操

伸展手掌和手指，把双手平放在台面上，轻轻地向下压，每次抬起一根手指，尽量抬高，做3分钟，可使双手轻快敏捷，使手部柔软；双手高举过头，握紧拳头，然后每次伸出一根手指，尽量向外伸展，做5分钟，可减少手背青筋暴露，解除紧张，使手部柔软。

5 完美保护

轻轻涂上护手霜，裹上一层保鲜膜，再套上棉质的手套，20分钟后除去手套和保鲜膜，皮肤已经变得细腻柔软。

手部细致按摩法

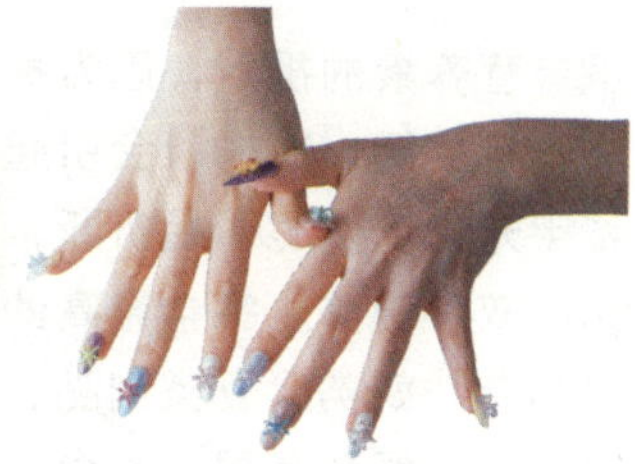

（1）涂上去死皮霜，双手互相轻搓至去除死皮。

（2）取适量护手霜，均匀涂于双手，护手霜若有多余的部分，推向手腕涂匀。

（3）以另一手的拇指与食指，由指间向手背螺旋状按摩，依次按摩每一根手指。

（4）将拇指与食指分置于手指两侧，由指尖向手掌轻滑，至根部稍用力按压。

（5）以拇指与食指夹住手指，由指根拉向指尖，以轻滑般的方式放开。

（6）以另一手的手掌在手背上以打圈般的方式按摩。

（7）双手涂上一层较厚的营养护手霜，裹上一层护手霜保鲜膜，然后双手戴上较厚的手套，保持15～20分钟，脱下手套后将双手洗净。

手部的日常护理

常备几种护手霜

每次洗手后及时涂上护手霜，可补充水分及养分。另外，选护手霜也有讲究：如果手背肌肤有紧绷感及少许细纹，宜选用一些性质较温和、含甘油、含矿物质的护手霜；如果肌肤出现瘙痒、脱屑状况，则属敏感干性皮肤，宜选含有薄荷、黄春菊等舒缓成分及甘油等滋润剂的护手霜。

选几副专用的手套

在提重的东西或搬运粗糙物品时，必须戴上厚实耐磨的劳动手套；接触刺激性液体，如洗洁精、洗衣粉液之类时，必须戴橡胶手套；寒冷天气外出时，则应戴上质地柔软的保暖手套。

干活后及时洗护

用浸过清洁剂的抹布做完家务后，需用柠檬水或米醋水把手洗净，以去除残留在肌肤表面的碱性物质，然后抹上护手霜。

经常做手指操

看电视或闲暇时，不妨做一些简单的手指操，比如模仿弹钢琴的动作，让手指一屈一张地反复活动，可以锻炼手部关节，健美手形。

调理好日常饮食

平日应充分摄取富含维生素A、维生素E及锌、硒的食物，如绿色蔬菜、瓜果、鸡蛋、牛奶、海产品、杏仁、胡萝卜等，以避免肌肤干燥。此外，还应注意钙、铜等营养素的摄入，因为身体一旦缺钙、缺铜，会引起指甲无光泽、脆弱易折断，影响双手健美。钙含量高的食品有：奶类、豆类制品、海产品、绿色蔬果；富含铜的食品有：动物肝脏、贝类、坚果类、豆类制品及深色蔬果。

经常修剪指甲

防止指缝内积存污垢而破坏双手美观。若留指甲，应将指甲边缘摩擦修饰光滑并修剪成椭圆形，过尖的指甲形状会削弱指甲的韧力而容易折断。

少做仿真指甲

由于仿真指甲整个制作过程较为复杂，稍有不慎或器械消毒不彻底，便可能引致指甲感染；另外，有些仿真指甲的材料也可能对指甲造成过敏，使指甲变薄、抵抗力减弱。因此，从护手的角度考虑，仿真指甲还是少做为妙。

经常按摩双手

要经常按摩手部，以促进血液循环、防止手部浮肿及衰老。按摩时最好涂上按摩膏或橄榄油。

指甲的护理

指甲是由一种坚硬的蛋白质——角朊组成的。指甲根部的基质是制造指甲的场所，指甲每天可长0.1毫米。指甲下的粉红色是指甲下血管层的颜色。

指甲的护理原则

1 保持指甲湿润

保持指甲健康的第一步是保持手和指甲的湿润，否则指甲会变脆，容易折断。平时选用诸如润肤膏、润肤液、护膜膏时，可选择那些渗透性好、效果持久的保湿产品。

2 按摩指甲

使用润肤膏或者护膜膏时，要按摩指甲1分钟，以使成分渗入内部。每天晚上睡觉前，也可以按摩双手，以防止指甲变干变脆。

3 修剪指甲

对指甲定期的修剪和修挫有助于保持角质层的健康。

指甲的修理程序

1

修剪指甲，并用细砂条仔细修磨十指前缘。

2

将双手浸泡在温热的水中约5分钟。

3

擦干双手，用棉棒上的棉花小心推起十指指甲上的老化根皮。

4

用去死皮剪或去死皮推刀仔细去除指甲的老化根皮，并剪除倒刺。

5

十指的指根涂上营养油并轻轻按摩。

6

清理指甲缝。

7

十指涂上底油。

8

十指涂上亮油。

美甲时的四大错误

1 不用底油

指甲油里的颜料是使指甲变黄和易断的罪魁祸首，所以在美甲之前，千万不能忽视先涂上指甲底油这一道工序。指甲底油能保护指甲表面不直接被颜料侵害。

2 不用面油

面油能保护指甲油表面，使甲面上的图案和花纹不易刮花或损坏。

3 用力刮除指甲油

用尖锐器具用力刮除指甲油，会刮破指甲表面，使指甲变薄、抵抗力减弱。

4 小看修甲工具

修甲工具能修整指甲形状，使其边缘圆滑、亮泽，还能在涂指甲油的时候帮助修整边角。如果修甲工具不合适或者太钝，则不能修好指甲形状，甚至撕裂正常指甲。

指甲与疾病

指甲是身体健康的晴雨表，许多疾病都可以从指甲上预测出来。

1 蓝色的指甲

蓝色的指甲预示着由心脏病或者雷诺氏病(常发生于四肢，尤其是手指和足趾的血管疾病)引起的循环系统疾病。

2 博氏线

博氏线(指甲上的水平向沟)可能是由营养不良、某些有毒物质或者一系列疾病造成的。

3 凹痕

指甲上的匙状凹痕预示着贫血。

第一节
洗手液

洗手液的优点

1 安全卫生

肥皂等固体物容易沾染手上的污垢和细菌，而洗手液与手的接触面一般只是在瓶体上的泵头，避免了交叉污染的可能性。

2 洁肤润肤

洗手液的成分一般都含有纯甘油、芦荟、沙棘油、维生素C等天然成分，能够在温和去污的同时滋润肌肤。

3 强力灭菌

洗手液里的杀菌成分对白色念珠菌、金黄色葡萄球菌、大肠杆菌等病源的灭菌率可达90%。

天然洗手液自制配方

淘米水洗手液

荟萃经典

材料：淘米水适量。

使用方法：

（1）晚饭淘米时把淘米水留下。

（2）临睡前用淘米水浸泡双手10分钟。

（3）用温水洗净，擦干，擦上护手霜。

美丽功效：

滋润手部肌肤。

知识补给站

手部精油按摩

（1）将调好的精油倒出少许置于掌心。
（2）把精油适量抹在左手手背，再按摩手背上凹陷的部位，让手背肌肤充分放松。
（3）接着按摩手指。先从指关节上方开始往下以螺旋状按摩，快到指尖处用力压一下，以刺激反射区，然后十指持续上述按摩动作。
（4）用指腹从手指往手掌推滑，连续重复3次。
（5）将左手反过来，右手大拇指压住手背，其余四指则轻压手掌心。
（6）右手手指轻轻从手掌朝手指方向滑出来。
（7）右手再重复2～6步骤及动作即可。

食醋洗手液

材料：食醋10毫升，水100毫升。

使用方法：

使用普通洗手液后，用食醋和水的溶液洗手。

美丽功效：

食醋中的酸可去除洗涤剂残留在手部肌肤表面的碱性物质。

护肤小提示

用柠檬汁代替食醋，也有同样的功效。

知识补给站

十二星座喜欢的指甲油颜色

白羊座：红色、白色
金牛座：蓝色、粉蓝色
双子座：天蓝色、白色
巨蟹座：亮色
狮子座：橘色、粉色
处女座：象牙白、浅黄色、浅粉色
天秤座：乳白色、浅绿色、浅橘色
天蝎座：黑色、蓝紫色
射手座：水蜜桃色、淡紫色、玫瑰色
摩羯座：橘色、浅橘色
水瓶座：深浅蓝色、紫罗兰色
双鱼座：海蓝色、紫色

第二节 手膜

手膜与面膜的原理是一样的：把湿润且富含营养物质的手膜敷在手上，再在手上覆盖一层薄膜，营养物质和水分就可以缓缓地渗入肌肤深层，手部肌肤便会重新变软，富有弹性。

手膜分类

1

按形式可分为纸手膜和膏状手膜。

2

按功能可分为滋润保湿类、美白保湿类、抗皱保湿类和去角质保湿类。

手膜的选择

1

如果双手白皙，只需解决干燥问题，可选择含有植物精华的滋润保湿类手膜。

2

如果手部肌肤有严重的色斑，且肤色偏暗，最好选择具有美白效果的、富含维生素C的手膜。

3

对于手部皱纹较多的人来说，含有海藻精华的抗皱手膜是最佳选择。

4

对于手部肌肤角质层较厚的人来说，应定期使用含果酸成分的去角质手膜。

天然手膜自制配方

鲜果时光

香蕉手膜

材料：香蕉1根，牛奶100毫升，橄榄油适量。

轻松DIY

1. 把牛奶加热到50℃。
2. 将双手泡在牛奶中约5～10分钟。
3. 将香蕉切成小块，在干净器皿中捣成糊状。
4. 加入一匙橄榄油，搅拌均匀。

使用方法：

（1）将香蕉手膜涂于指甲边缘及全手。

（2）10分钟后用清水洗净即可。

美丽功效：

深层滋润手部肌肤。

护肤小提示

将半根香蕉去皮磨碎，涂于手部，20分钟后用加少量鲜奶的水洗净，每周2～3次，可使手部皮肤细润光滑。

蔬菜当道

黄瓜蛋黄手膜

材料：黄瓜半根，蛋黄1个，橄榄油1匙。

轻松DIY

1. 将黄瓜捣烂，加一个蛋黄搅匀。
2. 加入1匙橄榄油，搅拌均匀。

美丽功效：

双手的肌肤会变得清爽滋润。

护肤小提示

每次洗手后，用少许白砂糖和几滴柠檬汁搓搓手，也有很好的美肤效果。

知识补给站

彩色指甲油涂法

1. 深色系甲油

深色系甲油第一笔蘸取的量不要太多，否则会显得厚重，最好涂2~3遍，每遍薄一些，效果会更好；甲油刷与甲盖面呈30度左右，刷子不要过分平躺，以防涂得不均匀；涂完底油后，蘸取少量甲油先涂指甲前缘内侧，甲油不易脱落。

2. 浅色系甲油

浅色系甲油很容易露出涂抹不均匀的痕迹，所以要在第一层甲油未干时尽快涂第二层；甲油刷与甲盖面呈45度左右，会涂得更均匀；每次蘸取量应比上一次稍多；可以涂第三层，效果会更迷人。

3. 珠光系甲油

珠光系甲油容易出现层次不匀的现象，第一笔应蘸取足够量的甲油，在未干前尽快涂第二层；甲油刷越倾斜越会造成不均匀的现象，因此刷子应直立使用；为避免留下刷痕，应先涂两边，后涂中间；珠光甲油易干，速度应尽量快。

4. 漆白色甲油

漆白色甲油由于与珠光系甲油相似，都易出现层次不均匀的痕迹，因此，第一笔蘸取量比珠光系甲油还要多；甲油刷要尽量直立；给指甲的压力要恒定；迅速涂抹也是关键因素之一。

牛奶手膜

蛋奶主打

材料：牛奶1杯，橄榄油4滴，蛋黄2个。

轻松DIY

将牛奶、橄榄油和蛋黄混合，搅拌均匀。

使用方法：

（1）将牛奶手膜厚厚地敷在双手上，包上保鲜膜。

（2）20分钟后用温水洗净。

（3）每两周1次即可。

美丽功效：

滋润双手。

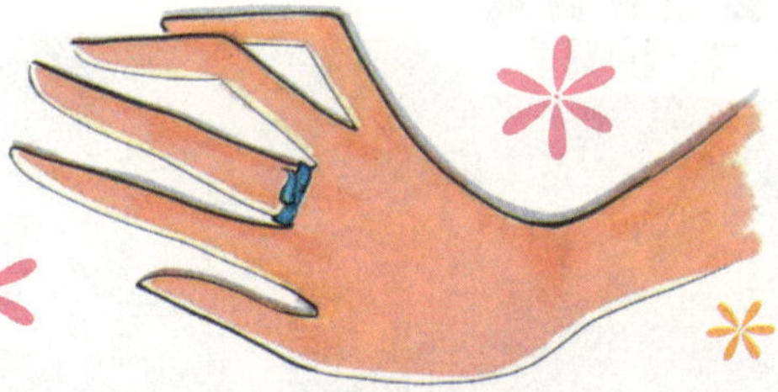

蛋清蜂蜜手膜

材料：蛋清1个，蜂蜜1匙，橄榄油10毫升，玫瑰精油2滴。

轻松DIY

1 将蛋清、蜂蜜、橄榄油、玫瑰精油混合搅拌均匀。
2 将混合物放入微波炉加热至略高于人体体温。

使用方法：

（1）洗净双手，将蛋清蜂蜜手膜均匀涂抹在手上。

（2）轻轻按摩，20分钟后洗净。

美丽功效：

软化角质细胞，去除老化角质，促进细胞吸收水分，让双手保持细腻柔软。

荟萃经典

蜂蜜香油手膜

材料：蜂蜜50克，香油100毫升，蛋清适量，玫瑰精油2滴。

轻松DIY

1 将上述材料放在砂锅中。
2 文火加热至肌肤可接受的温度。

美丽功效：

有很好的滋润效果。

知识补给站

美容院手部护理

巴拿芬手部修护美疗

适合人群：手部肌肤粗糙无光泽、干燥脱屑的人。

护理步骤：深度清洁去角质—手部按摩—上巴拿芬热蜡—手部完美修护。

效果：巴拿芬热蜡可以提高双手的温度、加速血液循环，使营养充分渗透、容易吸收。整个护理使手部光滑细嫩，对肌肤脱屑及干裂有很好的预防和治疗作用。

第七章 身体其他部位护理

护理肌肤可以说是现代女性每日的重要课程，但调查发现，除了颈、手、足、肘、膝等容易疏忽的部位之外，臂、背、腿、臀等部位的护理则几乎被彻底遗忘，即使有少数人对这些部位稍有留心，还以为只要经常洗澡、经常抹点润肤霜就万事大吉了。其实，这些部位的肌肤也需要精心的护理与保养，才能娇嫩爽滑，长保年轻。

特别部位的护理

1 手臂的护理

去角质

去颗粒细致的去角质产品适用于手臂保养。使用时挤出一些去角质产品，分别涂在上下手臂。在手臂内侧，以由下往上画螺旋的方式搓揉；手臂外侧则逆着毛孔，由上往下摩擦肌肤。

小臂保湿

小小臂暴露在外的时候比较多，它们是接触干燥空气最多的部位之一，但小臂也是相对较容易护理到的部位，洗脸时把袖子挽高，涂保湿霜时要连带小臂一起涂上；敷保湿面膜时，也可分给小臂一些。

小臂“抛光”

小感觉小臂的肌肤有些粗糙干涩吗？用磨砂膏磨一磨吧。注意“抛光”时磨砂膏要沾水，而且要轻轻磨，然后立即涂抹润肤乳液，很快就有滋润滑爽的感觉。

2 大腿的护理

每周做1～2次去角质，选择细致颗粒或胶状的去角质产品；使用兼顾补水成分的沐浴乳每天沐浴后使用滋润乳液；穿露腿服饰时，防晒工作不可疏漏。

大腿按摩法：

(1)去角质按摩法：

大腿适用于较细颗粒的去角质产品。取适量的去角质产品在双手上先摩擦几下，然后涂抹在大腿内外侧，由下往上轻画螺旋状。

(2)乳液按摩法：

根据大腿的面积倒出适量的乳液，以双手搓揉均匀。先抹大腿外侧，左右手平均施力，由膝盖上侧开始，按压式地往上涂，内侧也用同样方式处理。抹完乳液后开始按摩，大腿外侧以左右手的虎口部位用力地由下往上推赘肉。然后双手握拳，只露出大拇指，以指背的部分由下往上慢慢推。

3 小腿的护理

小腿离心脏较远，血流和新陈代谢的速度到了小腿部位都会缓慢下来，老化角质的脱落速度也会减慢许多，因此很容易缺水，粗糙干燥、老旧角质残留等现象时常出现。

浴盐泡腿

浴除了清洁之外，浴盐更重要的功能是其中的海藻和各种微量元素给肌肤带来滋润和舒爽。而且，浴盐的温热功效会让血液循环加快，甚至还能软化角质，让肌肤滑爽不干涩。如果用浴盐浸泡后立即涂上滋润乳液，会更好地保持水分。

去角质

去小腿的角质生成速度较快，不妨每周去除一次。去角质之前先浸泡10分钟（水温不可太高），角质就会慢慢软化，再使用去角质产品轻搓，老化角质很快被清除。去角质后使用润肤露，滋润的效果事半功倍。

4 后背的护理

后背一般不会直接受冷空气和污染物的袭击，但因面积较大，对衣服的刺激很敏感，如果贴身内衣是化纤材料，因摩擦而带来的瘙痒、过敏反应就会比较突出。

纯棉内衣

干燥的肌肤再穿上化纤内衣，就容易起静电而带走肌肤表面的水分。纯棉内衣吸汗保暖，不起静电，轻松防止干燥、瘙痒。

浴后立即润背

沐浴时，后背浸泡在温水中，会更好地接触水分。但是，沐浴后水分会很快蒸发或散失，并不能保持在肌肤表面。只有使用浴后乳液，才能保持住肌肤表面的水分。长期使用，能让其中的活性成分发挥最大效力。

5 臀部的护理

（1）臀部容易缺水干燥，因此，每天沐浴后，润肤霜的涂抹也要顾及臀部。

（2）每周做去角质护理的同时，要关照到臀部，因为如果没有老化角质，更利于滋润品的吸收。

（3）臀部按摩法：

涂适量的乳液在手上，从股沟的中央开始，整个手掌沿着臀型来回向上推；

然后从臀部下方的大腿肌肉开始，由下向上一直推按，重复数遍。

第一节 浴盐

很早的时候就有细心的人发现，水手虽然长期暴露在阳光下，但皮肤总能保持最佳的状态。经研究得知，原来这是海水的功劳，正是海盐的清洁和治疗作用，使水手们的皮肤遭到阳光破坏之后又得到及时恢复。聪明的现代人受此启发，把取自深海的盐精炼成浴盐，用来清洁和保养皮肤。

浴盐集矿物质、微量元素、生物活性肽于一体，以阳离子状态存在于水中，易于皮肤吸收渗透；作用于肌肤深层，促进血液循环；促进新陈代谢，利于肌肤深层护理；并有抑制、消除皮肤炎症之功效。在忙碌的工作、生活之余，经常使用浴盐可使皮肤滋润、滑爽、细腻、富有弹性，长保健康年轻，还可以缓解精神压力，消除全身疲劳，增强身体抵抗力。现在，咸咸的盐旋风已经刮遍了全世界，走进了每一位细心人士的生活。

如何选择浴盐

1 根据肤质选择浴盐

中性或油性皮肤适宜使用含有葡萄柚、柑橘和柠檬等成分的浴盐；干性皮肤适合选用含有玫瑰精油的浴盐；敏感性皮肤则应该挑选含有维生素、矿物质、精油等添加成分的细颗粒浴盐。

2 根据成分及功效选择浴盐

天然深海浴盐含有多种微量元素，可用于洗脸、浴足，并能促进新陈代谢和修复凹凸不平的表皮；洋甘菊浴盐有利于舒缓紧张的神经、促进睡眠、安抚情绪；薰衣草浴盐有安眠、减轻压力、舒活筋骨的作用；玫瑰浴盐则可以治疗神经紧张，改善老化的皮肤。

浴盐使用技巧

1

先在手臂柔软的部位做肌肤测试，没有红肿等过敏反应即可使用。

2

依部位不同而选用不同大小的盐粒，在肌肤较粗糙的部位宜使用砂糖大小颗粒的浴盐，在柔软的部位则使用细沙颗粒的浴盐。注意使用时力度不可过大，以免损伤肌肤。

3

先清洗身体，使身体充分温热再抹浴盐效果才会明显。

4

在肘、膝、脚跟画圆涂抹，其他部位采用来回反复涂抹法。

5

浴盐的使用量，每个部位以2克为标准。涂抹浴盐以后，使其停留在肌肤上3～5分钟，等浴盐充分溶解才能产生效果，最后冲净。

浴盐的妙用

1 浴盐洁面

取少量浴盐溶于水中便可用来洁面，既清爽干净又简单省事，用浴盐洁面后无须使用爽肤水就能达到洁肤、紧肤、护肤的效果，尤其是油性皮肤的人更为适合。

2 浴盐桑拿

蒸桑拿时，将浴盐放入布袋轻擦肌肤，既能补充体内流失的盐分，又可洁肤美容。

3 浴盐淋浴

将装入浴盐的布袋吊在喷头上，可以轻松快捷地达到护肤效果；用海绵取少许浴盐按摩全身，再用水冲洗也可以达到同样效果。

4 浴盐美足

用热水泡脚5分钟，把浴盐抹在有厚皮的部位如脚跟、脚掌，打圈按摩5分钟，用水清洗干净，然后用润肤露滋润。

天然浴盐自制配方

鲜果时光

橙皮粒浴盐

材料：橙皮1个，粗盐2匙，橄榄油数滴。

轻松DIY

1 将橙皮切粒磨蓉。

2 加入盐及橄榄油拌匀。

使用方法：

（1）先用热水浸身体15分钟。

（2）把自制浴盐抹在身体有厚皮的部位如脚跟、膝盖，打圈按摩5分钟。

（3）清洁后用润肤露滋润。

美丽功效：

滋润肌肤，去角质。

蛋奶主打

精盐牛奶浴盐

材料：精盐50克，牛奶200毫升。

轻松DIY

1 把精盐用温水溶化。

2 将精盐溶液和牛奶倒入已经放好温水的浴缸里。

使用方法：

（1）全身浸泡20分钟。

（2）每周使用1次。

美丽功效：

牛奶和盐可以改善粗糙的肤质，并有效去除皮屑。

薄荷精油浴盐

精油迷情

材料： 薄荷精油数滴，粗盐20克，椰子油、杏仁油或橄榄油各10毫升。

轻松DIY

1 在粗盐中加入椰子油、杏仁油或橄榄油搅拌均匀。
2 加入薄荷精油，搅拌均匀。

使用方法：

（1）洗澡前将薄荷精油浴盐放入浴缸的水中。
（2）也可用它按摩身体角质比较厚的部位。
（3）使用之后，用稍冷的水淋浴，效果更佳。
（4）趁肌肤未干的时候擦上浴后乳液。

美丽功效：

可以去除全身的肌肤角质，薄荷精油还有提神、醒肤的作用。

护肤小提示

（1）中性皮肤和油性皮肤可以在浴盐中加入柑橘类水果的皮，有很好的去油效果。

粗盐浴盐

荟萃经典

材料： 粗盐2匙。

轻松DIY

粗盐加入40℃的温水中拌匀。

使用方法：

（1）在浴缸中约泡5分钟后，离开浴缸约30秒，这样反复2～3次。
（2）用沐浴乳全身清洁一遍，头发也要洗净。
（3）趁肌肤未干，擦上浴后乳液。

美丽功效：

泡澡时会有许多矿物质附着在肌肤上，增加保湿效果，使身体温暖起来，促进血液循环与新陈代谢，除了减重，它还对头痛、怕冷、肩酸有一定疗效。

护肤小提示

（2）可以用沐浴盐代替粗盐，但不可用食用盐。

（3）太饿、太饱、酒后都不要泡澡。太饿时泡澡，会有血糖降低而休克的危险；太饱时泡澡，会影响消化。

第二节 浴液

肥皂VS香皂VS浴液

肥皂

是以动植物油脂为原料，经过化学反应得到的高级脂肪酸盐，主要成分是硬脂酸钠。部分肥皂还添加了水软化剂，如磷酸钠、碳酸钠和硅酸钠等，所以碱性偏高，适合洗衣服。碱对肌肤、黏膜等有一定的刺激性，如溅入眼睛后，会使眼睛疼痛、畏光和流泪。由此可见，洗澡时不要使用肥皂。

香皂

是肥皂的改良品，由于加入了香料和着色剂，在颜色和香味上都有所改进。它的主要成分是脂肪酸钠和表面活性剂，此外还含有1%～1.5%的香精，一般以牛油、羊油和椰子油为原料，制皂前经过精炼、脱色、脱臭等精制处理。香皂质地细腻、去污力强。香皂有偏碱、偏酸和中性之分。碱性皂去污力强，适用于油性皮肤的人；中性皂对肌肤刺激性小，适用于中性和干性皮肤的人；酸性皂去污力较差，但具有一定的护肤作用，适合于儿童使用。

浴液

属于化学合成洗涤剂，表面活性剂占15%～35%，其中加入包括磷酸盐、碳酸钠、香精、酶等成分的助洗剂，以及泡沫促进剂、泡沫稳定剂、增稠剂、整合剂等。质量优良的浴液泡沫丰富稳定、性质温和、不刺激肌肤和眼睛、去污能力强、洗浴后肌肤不干燥，所以很受欢迎。

浴液按摩法

1

取适量的浴液于掌心，双手回温后，从下往上涂抹整个手臂。

2

内、外侧手臂，都用手掌由下往上轻轻拍打。

3

大拇指和食指横向夹住手臂，向上一捏一松，直至腋下。

4

在大臂肌肉比较松弛的部位，以指腹的力量用力往上提拉。

5

弯曲一只手臂，用另一只手掌包住弯曲的手肘，以画圈的形式按摩手肘。

天然浴液自制配方

橙皮浴液

鲜果时光

材料：橙皮3个，冷水2000毫升。

轻松DIY

1 将橙皮洗净，掰成小块。
2 水开后放入橙皮，煮 10 分钟。
3 将橙皮和水一起倒入浴缸水中。

使用方法：

（1）浸泡20分钟后，用清水清洗干净。

（2）趁肌肤未干，擦上浴后乳液。

美丽功效：

新熬好的橙皮汤散发着沁人心脾的芬芳，更能抑制自由基，有助于保持肌肤润泽、柔嫩。

蔬菜当道

蘑菇浴液

材料：新鲜蘑菇5～7个。

轻松DIY

1 将洗净的蘑菇掰成小块。
2 放入浴缸的热水中，浸泡 10 分钟。

使用方法：

（1）将身体泡入浴缸。

（2）20分钟后用清水洗净。

（3）趁肌肤未干，擦上浴后乳液。

美丽功效：

有效促进肌肤新陈代谢，促进血液循环，滋润肌肤，防止皱纹产生。

西红柿浴液

材料：熟透的西红柿5个，酒精10毫升，硼酸适量。

轻松DIY

1 将西红柿洗净榨汁。
2 在西红柿汁中加入酒精、硼酸搅拌均匀。

使用方法：

（1）将西红柿浴液倒入水温适宜的浴缸中。

（2）身体浸泡25分钟后洗净。

（3）趁肌肤未干，擦上浴后乳液。

美丽功效：

西红柿富含维生素、磷、膳食纤维等物质，具有营养、滋润肌肤的功效。

黄瓜浴液

材料：新鲜黄瓜3条。

轻松DIY

黄瓜洗净榨汁。

使用方法：

（1）将黄瓜汁倒入盛满温水的浴缸。

（2）身体浸泡25分钟后洗净。

（3）趁肌肤未干，擦上浴后乳液。

美丽功效：

黄瓜汁含有丰富的膳食纤维，有促进肠道废物排泄和降低胆固醇的作用；富含钾盐、维生素A和维生素E，微量元素钙、磷、铁及糖，更能促进肌肤光洁柔嫩；另外，它含有抑制糖类物质转化为脂肪的丙醇二酸，因而可控制身体肥胖。

护肤小提示

黄瓜去皮，切块放入粉碎机碾碎，渣内调入鸡蛋清，敷于脸上，约15分钟后洗掉，可使皮肤变得光滑清爽。

知识补给站

塑造美背三级操

1. 初级：拉带子练习

在门把手上拴一条有弹性的带子或软管，双手各执带子的一端，坐好、拉紧，使胳膊与肩膀同高，然后轻轻弯曲肘部，慢慢地往后拉带子，直至肘部与胸同高，收紧肩胛骨。保持一会儿，回到开始的位置。重复做12～15次。

2. 中级：胳膊弯曲练习

把右手和右膝放在凳子上，左手抓一个中度重量的哑铃，手掌向上，肘部轻轻弯曲。左肘抬至与肩膀同高，收紧小腹，挺直脊背。放下，回到开始位置。重复10～15次，换右手做。

3. 高级：站立飞翔练习

站立，膝盖微屈，双脚分开，与臀同宽，双手各抓一个轻度重量的哑铃，手掌相向。上身前倾与地面平行，收紧小腹，保持背部挺直，慢慢抬高双臂，使之与肩膀同高。收紧肩胛骨，保持一会儿，回到开始的位置。重复做10~15次。

花朵芬芳

玫瑰柠檬浴液

材料：玫瑰花苞6朵，柠檬半个。

轻松DIY

1 将柠檬洗净，切片待用。
2 把柠檬片、玫瑰花苞放入锅中煮沸。
3 滤去残渣，取其汁液。

使用方法：

（1）将汁液倒入约40℃的水中。
（2）全身浸泡15~20分钟。
（3）用清水洗净。
（4）趁肌肤未干，擦上浴后乳液。

适用肤质：

任何肤质。

美丽功效：

玫瑰花的香氛能舒缓情绪，促进血液循环，美化肌肤；柠檬有使肌肤白皙、净化排毒的效果。

护肤小提示

喜欢的话，可以在浴缸里多撒些玫瑰花瓣，就像是在做SPA一样。淡淡的水果香和花香，安静舒缓地泡个澡，静静聆听喜欢的音乐，在身心放松的同时，又可以达到肌肤美白润泽的效果。

知识补给站

冬季肌肤保养

1. 前胸和背部肌肤

有人因为皮脂腺被阻塞，在后背和前胸会长出痤疮，此时就需要选用中性香皂或沐浴液来洗澡，并且每周做1次身体去角质，这样就可以改善毛孔阻塞现象；而且使用中性的清洁用品清理肌肤，可以帮助排出多余的油脂，缓和痤疮。

2. 预防身体肌肤干燥

在洗澡的时候，水温不宜太高，以免除去过多的油脂；建议不要用香皂洗澡，改用沐浴乳；浴后趁身体微湿、饱含水分时，搽上浓稠度较高的身体护肤乳。这样可使干燥肌肤得以改善。

3. 乳房肌肤

胸部主要是依靠自乳房底部延伸至下颚这一大片、类似囊状袋的三角型肌肤来维持外形的，这部分称作“自然胸罩”，想要拥有坚挺的胸部，就必须妥善照顾护理这片肌肤。每天可以搽上身体乳液或紧肤霜，双手以圆周动作从胸部底端一直到脖子部位轻轻按摩，可保持胸部肌肤柔嫩且富有弹性。

玫瑰白芷浴液

材料：新鲜玫瑰花10朵，白芷25克，玫瑰精油8～10滴。

轻松DIY

将白芷装于纱布袋中，加水煮开，再煮约20分钟。

使用方法：

（1）将白芷汁加入浴缸，撒上玫瑰花瓣，并滴入玫瑰精油，即可泡澡。

（2）20分钟后用清水洗净。

（3）趁肌肤未干，擦上浴后乳液。

美丽功效：

白芷除了可以促进血液循环及肌肤再生，还可以帮助吸收玫瑰花中的维生素C，达到美白功效。

菊花浴液

材料：鲜菊花500～800克。

轻松DIY

1 将鲜菊花放入沸水锅内，煮 10 ～ 15 分钟。

2 用滤纸滤去菊花。

使用方法：

（1）将溶液倒入盛满热水的浴缸，搅拌均匀。

（2）10分钟后，可以泡澡。

（3）泡20分钟后用清水洗净。

（4）趁肌肤未干，擦上浴后乳液。

美丽功效：

菊花有散风清热、平肝明目的功效，可防治头晕、眼花等症状，还可使肌肤细嫩洁白。

绿茶柠檬浴液

材料：绿茶20克，柠檬1个。

轻松DIY

1 将柠檬洗净、切片。
2 将两种材料分别装入纱布袋，以水煮沸。

使用方法：

（1）把已散发果香味的纱布袋和汤汁一起倒入约40℃的水中。

（2）也可以把饮用过的绿茶或茶包放入纱布袋，直接放入热水中。

（3）全身浸泡15~20分钟。

（4）用清水洗净后，趁肌肤未干，擦上浴后乳液。

美丽功效：

柠檬皮含有柠檬醛，可以促进血液循环，达到净化排毒和白皙肌肤的效果；绿茶的气味清香，能舒缓情绪、促进血液循环并美化肌肤，它含有芳香的青叶醇能促进代谢。

护肤小提示

柠檬香气有舒缓及振奋精神的作用。柠檬加绿茶可以美白加瘦身，特别是有水肿情形的人，可以帮助排除体内的水分。不过泡完澡后，一定要多喝水，以补充流失的水分。

知识补给站

洗澡与护肤

1. 水温
不要用太热的水，太热的水会使肌肤更干燥。
2. 浴液
秋天不能再用清爽型的浴液，要换成滋润型的浴液。
3. 根据肤质选择浴液
干性皮肤：容易脱皮，表面有一层白屑。要用有滋润效果的浴液、乳液，避免用清洁力强的清洁用品。
缺水性皮肤：比干性皮肤更干，表面有较深的横纹。除了要强调滋润的效果外，还要注意不适合用泡沫多的浴液。
过敏性皮肤：肌肤很容易发痒，动不动就变得红红的或有小疹子。含香料、皂基的产品尽量不要用。
油性皮肤：前胸、后背非常容易长痤疮。由于油脂分泌旺盛，要选择清除力强、泡沫丰富的洁肤用品。
4. 时间
洗浴时间过长，并不会缓解肌肤的干燥状况，每天不超过10分钟的洗浴时间才恰到好处（特殊护理时除外）。
5. 乳液
一般干燥的肌肤用乳液应已足够，严重干燥的肌肤必须使用凡士林才能解决，并且在刚洗完澡、未擦干身体时就涂浴后乳液，这样才能达到最好的效果。

芦荟浴液

材料：芦荟200克。

轻松DIY

将芦荟洗净、去刺、去皮，放入榨汁机中榨汁。

使用方法：

（1）将芦荟汁倒入浴缸中与热水混合均匀。

（2）身体浸泡20分钟后，用清水洗净。

（3）趁肌肤未干，擦上浴后乳液。

美丽功效：

有效清洁肌肤细胞中的污垢；在肌肤表面生成一层透明薄膜，阻止水分蒸发，使肌肤细腻而清爽。

护肤小提示

把芦荟的叶肉剔出，捣碎或者用榨汁机搅碎，混入黄瓜汁和蜂蜜，涂于脸上20分钟，可美白肌肤。

知识补给站

美背产品

（1）背部清洁品：一定要清楚您是干性、油性、中性还是敏感性皮肤，要根据自己肌肤特点来选择适合自己的背部清洁产品。

（2）去角质磨砂膏：选择颗粒比较粗的去角质乳，可以更彻底地去除背部残留的污垢。若能配合一些沐浴用具如沐浴海绵或丝瓜络，既能完成背部和全身的清洁工作，更能达到消除疲劳的效果。

（3）敷背产品：敷背的目的是紧缩毛孔、均匀肤色、保湿和控制背部油脂的分泌，通常1周做1～2次即可。

（4）身体爽肤水：在没有特别做背部保养的时候，洗完澡要喷上爽肤水，对油脂的分泌有很好的控制效果。

海藻浴液

材料：海藻粉2匙，细盐2匙 。

轻松DIY

将海藻粉和盐混合，加入温水搅拌，直到溶解。

使用方法：

（1）将溶液倒入盛满热水的浴缸，搅拌均匀。

（2）10分钟后，可以泡澡。

（3）泡20分钟后，用清水洗净。

（4）趁肌肤未干，擦上浴后乳液。

美丽功效：

能使肌肤得到彻底清洁。

知识补给站

洗澡时晕倒

有的人在洗澡时常会出现心慌、头晕、四肢乏力等现象，严重时会跌倒在浴室，产生外伤。这是由于洗澡时水蒸气使肌肤毛细血管开放，血液集中到肌肤，影响全身血液循环引起的，也可能是洗澡前数小时未进餐、血糖过低引起。

急救措施：

（1）立即离开浴室躺下，并喝一杯热水，慢慢即可恢复正常。

（2）如果较严重，要取平卧位，把腿垫高。待稍微好一点后，把窗户打开通风，用冷毛巾擦身体，从头部擦到脚趾，然后穿上衣服，头面向窗口呼吸新鲜空气，一会儿就会恢复。

注意事项：

（1）为防止洗澡时出现不适，应缩短洗澡时间或间断洗澡。另外，洗澡前最好喝一杯温热的糖水。

（2）有心绞痛、心肌梗塞等心脏病的患者应避免长时间洗澡。

（3）平时注意锻炼身体、提高体质，稳定肌体神经调节功能。

（4）为了预防洗澡时突然晕倒，浴室内要安装换气风扇，以保持室内空气新鲜，氧气充足。

（5）洗澡时切勿吸烟，洗完之后立即离开浴室。

精油迷情

乳香精油浴液

材料：乳香精油1滴，檀香精油5滴，玫瑰精油5滴，依兰精油2滴，甜杏仁油30毫升。

使用方法：

（1）浴缸注入温水。

（2）将精油滴入浴缸中。

（3）身体浸入浴缸中。

（4）按摩身体的疲劳部位。

（5）10～15分钟后正常沐浴即可。

（6）趁肌肤未干，擦上浴后乳液。

美丽功效：

可光滑细嫩肌肤，远离干燥脱屑的烦恼。

护肤小提示

以下配方也有相同效果：

檀香精油3滴，橙花精油3滴，玫瑰精油3滴，甜杏仁油30毫升。

知识补给站

精油沐浴

1. 浸浴

浴缸放水后，将所需要的精油选好（1～3种），总滴数8～12滴，按精油挥发等级低、中、高的顺序，逐一滴入浴盆中，滴油动作完成之后，将瓶盖盖紧，擦拭干净，放回木盒中。此时精油漂浮于水面，有的扩散开来，有的凝聚成圆形，因此需用手掌以水平姿势快速拍打，使精油均匀地分散在水面上。进入浴缸之后，不需再使用任何肥皂或清洁剂。可利用反射病理按摩法，在自己相关的部位轻柔地按摩。精油的渗透力极强，3分钟即抵达真皮，5分钟即抵达皮下组织，随着我们的血液运行全身。可浸泡至水趋凉为止，约10～15分钟。

2. 足浴

所使用的足浴浴盆，最好是不锈钢材质的，而塑料材质可能会起化学变化。精油足浴时是进行足部病理反射按摩最好的时候。

3. 臀浴

这是生理保健的最佳方法，将配好的配方以温水进行冲洗，这样可以预防很多生理疾病的产生。

4. 淋浴

淋浴以及其他沐浴法都可以利用纯植物精油。

红花薄荷浴液

汉方料理

材料：红花50克，薄荷25克，白芷25克。

轻松DIY

1. 将所有材料加水煮开。
2. 20 分钟关火，去渣，取溶液。

使用方法：

（1）将溶液加入浴缸中泡澡。

（2）20分钟后用清水洗净。

（3）趁肌肤未干，擦上浴后乳液。

适用肤质：

油性皮肤。

美丽功效：

红花可以活血行血，活络身上的筋脉；薄荷气味清香，可祛风舒气，使身心都放松；白芷则可以美白镇痛，调理肌肤。

护肤小提示

（1）用薄荷护肤，会有越来越凉的感觉，是正常现象。

（2）薄荷也可与黄瓜、芦荟混合使用。

知识补给站

泡澡减肥

1. 注意事项

泡澡的水温必须调整在38℃～40℃之间，且饭后1.5小时以后泡澡较为适宜。出浴后要休息一下，用吸水性强的浴巾包裹身体，再擦上塑身霜，留在身上的温度可以帮助吸收。马上喝水以补充流失的水分。

2. 时间的把握

泡澡最主要的功能是促进身体血液循环以及代谢功能，然而泡多久或者休息多久要依据每个人的身体状况而定。一般来说，先浸泡在水中5分钟，让毛孔全部打开，清除毛孔污垢，让身体完全放松，然后再进行身体的局部运动或按摩。经过10分钟后，让放松的身体离开浴缸。如此反复地循环才可以达到瘦身的效果。

3. 理想的水位

想要发挥瘦身效果的水位，大约是在心脏以下、相当于将身体的一半泡在浴缸里的程度，这样可让身体各部位的器官承受适当压力，加上水温效果，泡完后全身会大量流汗。

4. 用姜汁泡澡

用老姜熬炖姜汁，取30毫升倒入泡澡水中，泡15～20分钟，可以促使血液循环加速、末梢血管活络，在消耗热量、燃烧脂肪之后发汗、排汗。

5. 简易按摩法

泡澡时搭配着简单的肢体伸展与按摩动作，例如抬抬腿，或者按摩手臂、臀部以及腰部及腿部等任何可除脂的地方，可以让效果更为显著。

紫草根浴液

材料：紫草根10～20克，甘草片2～6克，温开水500毫升。

轻松DIY

1 将紫草根和甘草片泡在温开水中。

2 12 小时后用滤纸过滤，去渣取汁。

使用方法：

（1）将紫草根浴液加入充满水的浴缸。

（2）浸泡20分钟后用清水洗净身体。

（3）趁肌肤未干，擦上浴后乳液。

美丽功效：

可使肌肤毛孔放松舒展，有效清除污垢，让肌肤细胞充分吸收水分，还可以缓解疲劳。

护肤小提示

取甘草粉、白芨粉、白芷粉、白术粉各适量，调成糊状，涂于脸上20～30分钟，可美白祛斑。

桑叶浴液

材料： 干桑叶100克。

轻松DIY

1 将干桑叶加水煮 10 ~ 15 分钟。
2 用滤纸滤去桑叶。

使用方法：

（1）将桑叶浴液倒入盛满热水的浴缸，搅拌均匀。
（2）10分钟后，可以泡澡。
（3）泡20分钟后，用清水洗净肌肤。
（4）趁肌肤未干，擦上浴后乳液。

美丽功效：

经过霜雪的桑叶，性味甘苦、寒，具有散风清热、明目等功效。用它作为浴液洗澡，护肤不脱脂，特别是肌肤粗糙者，用后可使肌肤变得细嫩。

护肤小提示

桑叶去痤疮效果佳：每日取鲜桑叶50克，煎水分3次服，一般15天即可见效；或取鲜桑叶适量，捣烂后每日敷于痤疮处30分钟，也可见效。

菖根浴液

材料： 菖根50～100克。

轻松DIY

1 将菖根加水煮 10 ~ 15 分钟。
2 用滤纸滤去菖根。

使用方法：

（1）将菖根浴液倒入盛满热水的浴缸，搅拌均匀。
（2）10分钟后，可以泡澡。
（3）泡20分钟后，用清水洗净身体。
（4）趁肌肤未干，擦上浴后乳液。

美丽功效：

菖根不但具有镇痛、降压、降血糖、消除老年斑的功效，还能使人的关节灵活、肌肉收缩，不易感觉疲劳。中老年人及肤色较黑的人适用此浴液。

护肤小提示

（1）饥饿时不要立即入浴，空腹泡澡容易引起虚脱、眩晕及恶心等症状。

（2）刚饱餐后也不要入浴，以免大量血液由体内流向体表，引起消化功能障碍。

蓟草浴液

护肤小提示

（1）以此浴液洗涤肛门，又可防治痔疮、肛裂等疾病。

（2）身体极度衰弱时暂勿泡澡。

材料：蓟草50克，地榆、槐花各适量。

轻松DIY

1 将蓟草、地榆、槐花加水煮半小时。

2 用滤纸滤去草药。

使用方法：

（1）将蓟草浴液倒入盛满热水的浴缸，搅拌均匀。

（2）10分钟后，可以泡澡。

（3）泡20分钟后，用清水洗净。

（4）趁肌肤未干，擦上浴后乳液。

美丽功效：

蓟草有止血、散瘀的功能。此浴液还能有效恢复肌肤弹性。

知识补给站

沙尘天气护肤秘诀

1. 多清洁

大风带起的浮尘会大量落在肌肤表层，因此就需要加强清洁护理。用性质温和不油腻的洁面品清洁肌肤，除了早晚两次之外，白天还可以再增加1～2次。

2. 多补水

大风天气中，快速流动的空气会带走肌肤中的大量水分，肌肤内的含水量会骤然下降，为保证肌肤的滋润，要尽快为肌肤补充水分。洁面后最好在5分钟内进行补水护理。将保湿水轻轻拍进肌肤内，有利于肌肤更快地吸收。

3. 多保湿

为肌肤补充水分后，在大风沙尘的日子里其实还是非常容易消散。在补水的程序后，要迅速抹上保湿霜，为了减少沙尘附着，保湿霜应该使用不含油脂或是少油脂的。

4. 少滋润

沙尘天气不提倡使用滋润产品。一般滋润霜含的油分都比较高，无油脂的配方几乎没有，所以涂在肌肤表层，会有一点黏腻的感觉，在沙尘天气里，就更容易“招土”，形成油性污垢，污染肌肤；如果是敏感性肌肤，还容易发生红肿、疹块等敏感现象。

天然沐浴袋自制配方

橘皮沐浴袋

鲜果时光

材料：晒干橘皮3个，柑橙类精油8～10滴。

轻松DIY

将干燥的橘皮放入纱布袋中绑紧。

使用方法：

（1）将橘皮袋放入泡澡水中。

（2）加入精油。

（3）用橘皮水浸泡身体。

（4）趁肌肤未干，擦上浴后乳液。

美丽功效：

滋润全身肌肤，防止肌肤松弛、干燥。

葡萄柚柠檬沐浴袋

材料：葡萄柚2个，柠檬2个。

轻松DIY

将葡萄柚及柠檬切片，放入纱布袋。

使用方法：

（1）把纱布袋放入约40℃的热洗澡水中。

（2）由脚开始浸泡，然后全身浸泡15~20分钟。

（3）用清水洗净。

（4）趁肌肤未干，擦上浴后乳液。

美丽功效：

葡萄柚和柠檬都含有丰富的维生素C，具有预防斑点、

护肤小提示

也可将葡萄柚或柠檬切成薄片直接放进浴缸中浸泡。

雀斑的功效，用来泡浴可促进血液循环；柠檬有美白作用，既可增加肌肤的光泽，又能舒缓疲劳、镇定心神。

荟萃经典

咖啡沐浴袋

材料：随身咖啡1小包。

轻松DIY

将随身咖啡包倒入锅里煮，煮得要比平常更浓一些。

使用方法：

（1）将煮好的咖啡倒入盛满温水的浴缸里。

（2）将身体在浴缸中泡上18分钟。

（3）用清水冲洗干净身体。

（4）趁肌肤未干，擦上浴后乳液。

美丽功效：

咖啡中的矿物质可以让松弛的肌肤越泡越紧，达到瘦身目的；咖啡还有抗氧化、防衰老的功效。

护肤小提示

（1）用咖啡渣泡澡也有瘦身功效。

（2）用咖啡泡澡之前，要先清洁肌肤，以免毛孔堵塞，阻碍汗水排出与瘦身分子的吸收。

绿茶沐浴袋

材料：喝过的绿茶包3～5个。

轻松DIY

将绿茶包或绿茶渣放入纱布袋。

使用方法：

（1）将纱布袋浸泡在放满洗澡水的浴缸中。

（2）浸泡20分钟即可。

美丽功效：

绿茶中的儿茶素与咖啡因可提高脂肪的代谢率，能有效地去除脂肪。

护肤小提示

隔夜茶不能用来泡澡。

第三节 浴后乳液

浴后乳液的主要成分是液体动植物油脂、碳氢化合物、高级醇以及乳化和分散用的表面活性剂。浴后乳液可以防止洗澡后肌肤干燥，对肌肤起到保护作用，还可以赋予肌肤清香。有些浴后乳液以赋香剂为主，称为浴用花露水或浴用香水。

浴后乳液是身体肌肤护理的最后一道程序，也是最关键的。沐浴时，肌肤浸泡在温水中，使肌肤的表面光洁柔滑，但这些水并不能在肌肤表面保持住，沐浴后水分会很快蒸发或散失。所以只有认真涂上浴后乳液，护理肌肤的任务才算完成。

使用浴后乳液注意事项

1

浴后乳液一定要用在浴后干净的肌肤上，这时肌肤上的老化角质被清洁干净，毛细孔被打开，肌肤柔软，滋润的成分能够很快被肌肤吸收。

2

浴后浮液一定要在浴后肌肤还湿润的时候使用，这样能将水分封存在肌肤内，并在肌肤表层形成一层保护膜，保湿的效果更好。

天然浴后乳液自制配方

花朵芬芳

绿茶浴后乳液

材料：绿茶粉、润肤乳各适量。

轻松DIY

将绿茶粉加入润肤乳中，混合均匀即可。

使用方法：

（1）沐浴后，自腿部向上打圈，按摩至上身。

（2）按摩5分钟即可。

（3）夏季沐浴后使用最佳。

适用肤质：

任何肤质。

美丽功效：

可以立即消暑降温，使身体清凉舒适。

护肤小提示

将加入绿茶粉的润肤乳放入冰箱中冷藏20分钟后使用，效果更佳。

荟萃经典

方糖浴后乳液

材料：方糖1块，热水500毫升，乳化剂1毫升。

轻松DIY

1 方糖放入热水中溶化。

2 加入乳化剂搅拌均匀。

使用方法：

沐浴后，用方糖乳液涂抹全身，并按摩直至完全被肌肤吸收。

美丽功效：

方糖丰富的营养成分有滋润与修复肌肤的作用，并且有助于肌肤水分的储存，让肌肤焕发光彩。

护肤小提示

（1）用方糖润肤是老一代人的“秘方”，护肤效果非常好。

（2）洗浴后使用护肤品时，一定要在身体没干前涂抹。

第四节 按摩膏

天然按摩膏自制配方

橙皮按摩膏

鲜果时光

材料：橙皮1/4个，橄榄油适量。

使用方法：

（1）取清洗干净的橙皮，用橄榄油浸湿。

（2）按摩身体上相应的橘皮组织部位，按摩时均匀用力挤出汁液。

（3）用清水洗净肌肤。

（4）趁肌肤未干，擦上浴后乳液。

美丽功效：

橙皮具有较强抗“橘皮组织”功能，能消除大腿上的橘皮组织。

知识补给站

橘皮组织及其护理

橘皮组织是一种独特的脂肪组织结构改变。当新陈代谢失调、脂肪组织体积增大、脂肪组织内的分子超出脂肪细胞间隙时，皮下脂肪组织的微小结头里面充满了容易积累毒素的淋巴液，阻碍供血和体内垃圾排除过程，使肌肤凹凸不平，从外观上看像橘皮。

橘皮组织经常出现的部位：腹部、臀部、大腿、前臂及膝盖内侧。

橘皮组织的预防和初期治疗包括：改善皮下脂肪细胞血液循环，促进新陈代谢，排出体内垃圾，加快脂肪细胞分解，强健肌肉组织和结缔组织。

1. 饮食结构合理，杜绝脂肪过剩

食物的热量不要超过1200千卡，建议多吃些富含膳食纤维的食物，如糙米、粗粮面包、纯果汁；每天喝水不能少于两升，以便及时排除体内毒素和废弃物质；适量减少食盐以及油腻和甜食的摄入量；尽量少喝浓咖啡、烈性酒、高碳酸饮料。

2. 增加肌肉活动，减少脂肪沉积

骑自行车、游泳、慢跑等积极的有氧运动可以促进血液循环，加速分解脂肪；还能强健肌肉组织，塑造优美身形。

3. 经常淋浴洗澡，改善血液循环

每日可以用冷热水交替淋浴，再用浴刷、硬海绵等按摩橘皮组织，可以有效改善血液循环。另外，专业的按摩刷或者按摩器有预防橘皮组织的功能。

4. 经常按摩臀部，消除橘皮组织

（1）两只手放在臀部下方，按臀部弧形往两旁托。

（2）将手掌贴在臀部，将臀部往上提，同时做按摩动作。

（3）双手尽力握住半边臀部肌肉，往外抓。

（4）揉捏臀部肌肉，促进臀部新陈代谢。

5. 使用防护霜，改善新陈代谢

建议在按摩时或者按摩后使用专门的预防橘皮组织的防护霜，它含有可以改善新陈代谢的成分：藻类、死海盐、常春藤、咖啡因、维生素A、氨基酸、脂肪分解酵母等。

6. 改正不良习惯，阻断病症根源

平时身体姿势一定要端正，不正确的姿势极有可能阻碍淋巴液及血液的正常流动，甚至导致停滞现象，最终出现橘皮组织；不要穿过紧的衣服和鞋子，它们会限制血液循环；不能随意服用安眠药和激素避孕药，否则内分泌紊乱，易出现橘皮组织，这类药物最好在医生的指导下服用。

荟萃经典

细盐按摩膏

材料：细盐20克。

轻松DIY

1 把 1 匙细盐放在手掌心。

2 加水 3 ~ 5 滴，用手指仔细将盐和水搅拌均匀。

使用方法：

（1）入浴后，让身体充分温热。

（2）待毛孔张开后，多抹些盐在后背，各处肌肤都要抹到。

（3）用浴刷按摩1分钟，不要太用力，只要让肌肤及刷子间的盐移动即可。

（4）用海绵蘸上淡盐水，贴在背上10分钟，用清水洗干净。

（5）趁肌肤未干，擦上浴后乳液。

美丽功效：

使用几次后，背上的痤疮就会慢慢消失。

砂糖按摩膏

材料：细砂糖3匙，柠檬酸1/2匙，橄榄油或蜂蜜2匙，迷迭香精油5滴，薄荷精油3滴。

轻松DIY

将上述材料搅拌均匀即可。

护肤小提示

精油可以根据自己的爱好或需要选择。

使用方法：

（1）沐浴时，先用热水泡10分钟。

（2）用砂糖按摩膏均匀涂满全身，轻轻按摩。

（3）好好洗个热水澡，然后擦上浴后乳液。

美丽功效：

去除死皮，使肌肤保持嫩滑。

知识补给站

日常瘦腰法

1. 起床前

（1）早上一睁开眼，仰卧于床上伸个懒腰，姿势保持约10秒。

（2）仰卧时脚部尽量伸展，右膝盖呈90度弯曲倒于左侧腰际，左手扶住右腰际。

（3）坐在床上，上半身前倾，进行脊背的伸展运动，两手置于头上，向前伸展约10秒。

（4）站起来，弯曲左肘置于头部后方，右手反转，从下边抓住左肘，保持这样的动作尽量往右侧伸展，约10秒，左右交换做。

2. 睡前

（1）注意站立时的姿势，弯曲肘部置于头后方，两手夹住枕头，手腕尽量弯曲，做20次伸展。

（2）将膝盖呈90度弯曲，在膝盖间夹住枕头，可使腹部收紧并有提臀的效果，慢慢地回到原来位置再抬起做20次。

（3）将枕头压在腹部下方，伸展全身，右手和左脚举起约20厘米，交换来回做20次。

3. 午休

（1）从左侧开始，抬起大腿，弯腰手扶地，用前臂和脚支撑全身重量。把腿向外伸，右脚交叠在左脚上。把右手放在脑后，肘部向上与肩成直线。

（2）慢慢地向前弯曲，右肘弯曲触及地面，回到起始位置。重复3~5遍，换方向。

绿茶按摩膏

材料：绿茶粉、去角质霜各适量。

轻松DIY

将绿茶粉加入去角质霜中，混合均匀即可。

使用方法：

（1）把绿茶按摩膏放在手心，以轻柔的手法在全身打圈按摩。

（2）去角质后以温水冲净。

（3）尽快涂抹润肤乳（霜）。

（4）每周1~2次。

美丽功效：

让毛孔舒畅呼吸。

护肤小提示

肌肤上有伤口或刚经过日晒则避免使用。

知识补给站

绿茶的功效

在护肤保养品里添加绿茶成分，最主要是借用它的抗氧化效果来增进肌肤抵抗力，以达到抗衰老目的；与B族维生素、维生素E和小麦草萃取物等配合，则能起到补充流失的水分及紧实肌肤的作用。

第五节 体膜

按照“举一反三”的道理，把“面膜”推而广之，便有了“体膜”的护理方式，据说源出于古印度宫廷，配方独特的原料敷上身体之后，借助按摩手法，让肌肤充分吸收有效成分。“体膜”能软化角质细胞，给肌肤补充水分和营养，使肌肤润泽柔软；还可增强肌肤的张力，舒展细小皱纹，达到嫩肤美体的目的。

体膜的选择

干性皮肤

干性皮肤者可选用果蔬型体膜或泥浆型体膜。果蔬型体膜含有丰富的维生素，具有抗衰老功效；火山泥浆体膜中含有丰富的天然矿物质及微量元素，可令缺乏生机的肌肤焕发活力。

油性皮肤

油性皮肤者可选用含中草药成分的体膜。中草药体膜中含有的草药成分，对身体肌肤具有镇静、去角质、抗老化、美白等多种作用，可令肌肤亮泽细腻，还可缓解暗疮、痤疮等症状。

敏感性皮肤

敏感性皮肤者可选用海藻泥体膜护理肌肤。海藻泥体膜中含有丰富的矿物质，具有较强的保湿能力，更具美白、消炎、抗过敏之功效。

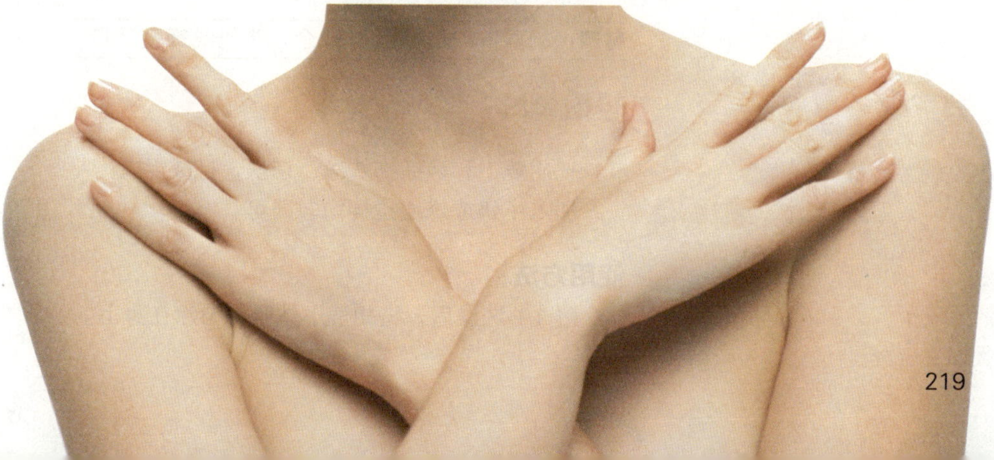

敷体膜的误区

1 疲劳肌肤可以通过体膜敷身得到休息

体膜不同于面膜，并不是任何时候都有益于肌肤的，被阳光暴晒或极疲惫的肌肤敷体膜，反而会增加其负荷而使其变得更加粗糙。

身体过度疲劳时，应仰卧，全身放松，等疲劳消除后再敷体膜。

2 体膜敷身的时间越久，效果越好

很多人认为体膜敷的时间越长效果越好，甚至有的人将体膜敷上一夜，第二天清晨才洗去。殊不知，体膜的使用时间不宜太长，15~30分钟就够了，否则体膜会从肌肤中吸收水分，使肌肤更加干燥，甚至长出皱纹。

3 为了使肌肤光滑、有弹性，每次敷身前都去角质

肌肤角质层是肌肤的天然屏障，具有保湿、中和酸碱度等重要作用，代谢周期为28天左右，不能频繁地去除。否则，肌肤没有适当的保护层，会受到不必要的伤害。

天然体膜自制配方

蔬菜当道

胡萝卜体膜

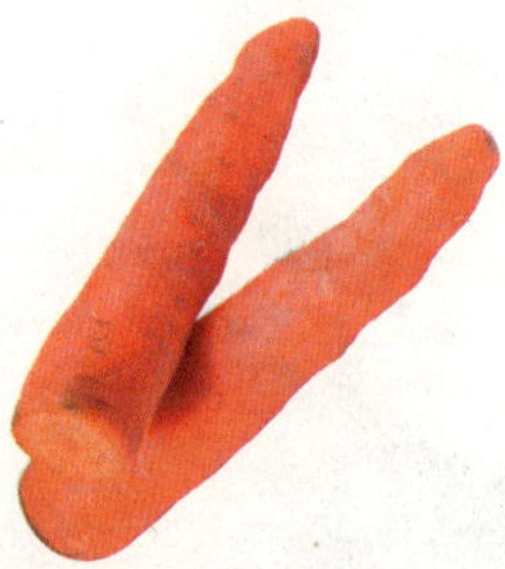

材料：胡萝卜2根，西红柿2个，牛奶或蜂蜜适量。

轻松DIY

1. 把胡萝卜和西红柿洗净、切块，打成泥。
2. 加入牛奶或蜂蜜搅拌均匀即可。

使用方法：

（1）洗澡后，将胡萝卜体膜均匀涂在身上。

（2）20分钟后洗净。

（3）趁肌肤未干，擦上浴后乳液。

美丽功效：

滋润，美白。

南瓜体膜

材料：小南瓜1个，甜杏仁油1匙，水适量，酸奶225毫升，柠檬1个。

轻松DIY

1. 柠檬榨汁。
2. 将南瓜去皮去顶后切成四等份，去籽、除瓤，然后将瓜肉切成块状倒入锅内，再加入水，加热煮沸。
3. 待南瓜变软后，将锅从火上移开，将南瓜捣成糊状。
4. 南瓜糊冷却至温热时，加入甜杏仁油、酸奶和柠檬汁。

使用方法：

（1）洗澡后，将南瓜体膜厚厚地涂抹于全身。

（2）保持10分钟，然后用温水冲洗干净。

美丽功效：

南瓜是果酸和维生素A的天然来源，这两种营养素具有亮白肌肤的功效；此体膜不仅能令肌肤变得柔滑，而且还能令肌肤更好地吸收其他一些配料的营养成分。

薄荷体膜

花朵芬芳

材料：薄荷叶500克，面粉1000克，杏仁油200毫升。

轻松DIY

1. 薄荷叶洗净，搅碎。
2. 把薄荷叶、面粉和杏仁油混合成糊状即可。

使用方法：

（1）洗澡后，将薄荷体膜涂满全身。

（2）30分钟后洗掉。

（3）趁肌肤未干，擦上浴后乳液。

美丽功效：

深层清洁和消炎，收敛毛孔，使肌肤处于放松状态；对于常在背部和前颈长丘疹的肌肤具有良好的防治作用。

护肤小提示

（1）在做完任何一种体膜护理之后，都要及时涂抹润肤霜。

（2）可以直接用保湿型润肤霜做体膜：在全身涂满厚厚一层润肤霜，然后用保鲜膜或浴巾将身体包裹起来，以利于肌肤充分吸收养分，20分钟后用毛巾把多余的润肤霜擦掉即可。

芦荟海藻体膜

材料：芦荟叶1片，海藻粉50克，黏土粉50克，粗盐1匙，矿泉水100毫升。

轻松DIY

1. 芦荟洗净，去皮、去刺，放入榨汁机榨汁。
2. 将粗盐用矿泉水溶解。
3. 将芦荟汁、盐水、海藻粉、黏土粉混合，搅拌均匀。

使用方法：

（1）洗澡后，将芦荟海藻体膜涂满全身。

（2）芦荟海藻体膜将干时洗净。

（3）趁肌肤未干，擦上浴后乳液。

美丽功效：

有效为肌肤补充水分，保持肌肤水嫩光滑。

护肤小提示

此体膜在冰箱中冷藏可保存2周。

蛋奶主打

蛋奶体膜

材料：牛奶500毫升，鸡蛋5个，蜂蜜50毫升。

轻松DIY

1. 将鸡蛋用筷子打成蛋液。
2. 加入牛奶、蜂蜜，搅拌均匀。

使用方法：

（1）洗澡后，将蛋奶体膜均匀涂满全身。

（2）涂抹时可用掌心和指腹按压、揉搓肌肤，促进肌肤细胞新陈代谢。

（3）按摩后还可用双手轻拍身体，以使肌肤细胞能更有效地吸收水分与养分。

（4）30分钟后用温水洗净。

（5）趁肌肤未干，擦上浴后乳液。

美丽功效：

蛋奶体膜能够温和改善肤质，促进肌肤新生细胞的生长，同时也有美白肌肤的功效，使肌肤能更有效地吸收水分，变得更具有弹性、更加滋润有光泽。

护肤小提示

在浴缸水内加入1升鲜牛奶和1匙橄榄油浸泡5分钟，滋润嫩白的效果十分显著。如果不想泡浴，也可在一盆水里加些牛奶不断冲洗。

知识补给站

身体护理其他方法

1. 热石按摩

过程：将矿石放在滴了精油的水中加温，当孔眼均匀的矿石吸收具有天然植物能量的精油后，在肌肤上滑动，肌肤会感觉一股暖流随着热石流动。

作用：石头具有高能量的聚温性及传导性，具有祛除体寒、缓解紧张神经和肌肉的作用；同时还可有效软化和分解脂肪组织，高温会加速全身代谢，促使脂肪细胞溶解、酵化、排毒。

2. 刮痧

过程：刮痧时，先在穴位周围的经线上或病痛部位及有关经络涂上活血止痛的润滑油，取水牛角刮板以45度角，平面朝下，直接在人体皮肤经络上反复刮拭。刮拭面要尽量拉长，由内而外，由上而下，顺次刮拭；脸部、胸部由内而外；头部、背部、肩部、胸腹部由上而下；用力要适中、均匀。

作用：刺激皮肤，使皮下充血、毛细血管扩张，使病变器官、细胞得到营养和氧气的补充，促进人体的新陈代谢，病邪随汗排出；使周身气血迅速得以畅通，淤毒消散。

3. 拔火罐

过程：一只手持罐，另一只手持火探子，迅速将火探子投入罐中，将罐立刻放在要治疗的部位；将罐口压紧，要有紧紧吸在身上的感觉才好。注意不要把罐口边缘烧热，以防烫伤。一般拔15~20分钟即可，取下罐子的时候不要强行扯、拉、转，而是一只手扶着罐子向一侧倾斜，另一只手按压罐口附近的皮肤，使空气经缝隙进入罐内，罐子自然就会与皮肤脱开。若需要“走罐”，必须在要治疗的部位或罐子口涂抹一些润滑剂，如甘油、石蜡油、刮痧油等，以防止“走罐”时拉伤皮肤。

作用：从中医“寒者热之”的理论来看，火罐的温热刺激，可以祛风除湿，散寒止痛，疏经通络，舒筋缓急。对于局部气血凝滞、淤血阻络、筋脉拘急所致的皮肤麻木、慢性腰腿痛、中风后遗症、寒滞胃痛等均有较好的疗效。

奶油体膜

材料：保湿护肤霜1000毫升，奶油或奶粉1000克，柠檬汁20匙。

轻松DIY

将上述材料混合成糊状即可。

使用方法：

（1）洗澡后，将奶油体膜涂满全身。

（2）30分钟后洗掉。

（3）趁肌肤未干，擦上浴后乳液。

美丽功效：

补充水分和营养，温和去除角质，收敛毛孔，使肌肤白皙细腻。

护肤小提示

将新鲜奶油盛在容器里，每天洗脸后用它搽手脸，皮肤会变得细嫩。

牛奶麦糠体膜

材料：牛奶400毫升，麦糠5匙。

轻松DIY

将牛奶和麦糠混合，搅拌均匀。

使用方法：

（1）沐浴后，将牛奶麦糠体膜涂抹在身上，并辅以按摩。

（2）20分钟后用温水洗净。

（3）趁肌肤未干，擦上浴后乳液。

美丽功效：

能有效去除肌肤老化角质，促进新细胞的再生，并有紧致肌肤的功效。

护肤小提示

（1）此配方也可以用来沐浴，不仅能养护肌肤，还能缓解皮肤瘙痒。

（2）材料中的牛奶也可换为适量奶油，效果同样好。

牛奶黄豆体膜

材料：牛奶400毫升，黄豆100克。

轻松DIY

将黄豆磨成粉，与牛奶调和成糊状即可。

使用方法：

（1）沐浴后，将牛奶黄豆体膜涂抹在身上，并辅以按摩。

（2）20分钟后用温水洗净。

（3）趁肌肤未干，擦上浴后乳液。

适用肤质：

油性皮肤及炎症肌肤。

美丽功效：

有效清除身体表面的污垢和油脂，平衡油脂分泌，收缩毛孔，补充水分。